水产养殖业绿色发展技术丛书

鳜鱼绿色高效养殖技术与实例

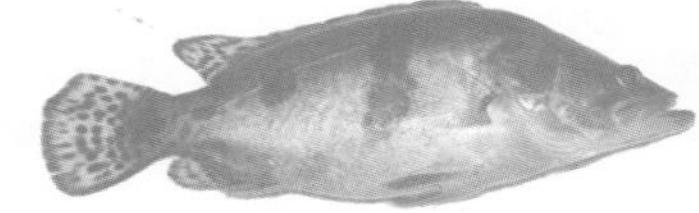

农业农村部渔业渔政管理局 组编
梁旭方 刘立维 主编

GUI YU
LÜSE GAOXIAO YANGZHI
JISHU YU SHILI

中国农业出版社
北 京

图书在版编目（CIP）数据

鳜鱼绿色高效养殖技术与实例 / 梁旭方，刘立维主编．—北京：中国农业出版社，2023.2
（水产养殖业绿色发展技术丛书）
ISBN 978-7-109-30483-3

Ⅰ．①鳜…　Ⅱ．①梁…②刘…　Ⅲ．①鳜鱼—淡水养殖　Ⅳ．①S965.127

中国国家版本馆 CIP 数据核字（2023）第 039267 号

中国农业出版社出版
地址：北京市朝阳区麦子店街 18 号楼
邮编：100125
策划编辑：郑　珂　王金环
责任编辑：肖　邦　　文字编辑：耿韶磊
版式设计：王　晨　　责任校对：刘丽香
印刷：北京通州皇家印刷厂
版次：2023 年 2 月第 1 版
印次：2023 年 2 月北京第 1 次印刷
发行：新华书店北京发行所
开本：880mm×1230mm　1/32
印张：5.5　　插页：2
字数：200 千字
定价：52.00 元

丛书编委会

本书编写人员

主　编　梁旭方　刘立维

参　编　（按姓氏笔画排序）

庄武元　汤树林　李　姣　张其伟　张焱鹏

易　屹　徐　晶　蔡文静

丛书序 PREFACE

2019年，经国务院批准，农业农村部等10部委联合印发了《关于加快推进水产养殖业绿色发展的若干意见》(以下简称《意见》)，围绕加强科学布局、转变养殖方式、改善养殖环境、强化生产监管、拓宽发展空间、加强政策支持及落实保障措施等方面作出全面部署，对水产养殖业转型升级具有重大意义。

随着人们生活水平的提高，目前我国渔业的主要矛盾已经转化为人民对优质水产品和优美水域生态环境的需求，与水产品供给结构性矛盾突出与渔业对资源环境的过度利用之间的矛盾。在这种形势背景下，树立"大粮食观"，贯彻落实《意见》，坚持质量优先、市场导向、创新驱动、以法治渔四大原则，走绿色发展道路，是我国迈进水产养殖强国之列的必然选择。

"绿水青山就是金山银山"，向绿色发展前进，要靠技术转型与升级。为贯彻落实《意见》，推行生态健康绿色养殖，尤其针对养殖规模大、覆盖面广、产量产值高、综合效益好、市场前景广阔的水产养殖品种，率先开展绿色养殖技术推广，使水产养殖绿色发展理念深入人心，农业农村部渔业渔政管理局与中国农业出版社共同组织策划，组建了由院士领衔的高水平编委会，依托国家现代农业产业技术体系、全国水产技术推广总站、中国水产学会等组织和单位，遴选重要的水产养殖品种，邀请产业上下游的高校、科研院所、推广机构以及企业的相关专家和技术人员编写了这套“水产养殖业绿色发展技术丛书”，宣传推广绿色养殖技术与模式，以促进渔业转型升级，保障重要水产品有效供给和促进渔民持续增收。

这套丛书基本涵盖了当前国家水产养殖主导品种和主推技术，围绕《意见》精神，着重介绍养殖品种相关的节能减排、集约高效、立体生态、种养结合、盐碱水域资源开发利用、深远海养殖等绿色养殖技术。丛书具有四大特色：

突出实用技术，倡导绿色理念。丛书的撰写以“技术＋模式＋案例”的主线，技术嵌入模式，模式改良技术，颠覆传统粗放、简陋的养殖方式，介绍实用易学、可操作性强、低碳环保的养殖技术，倡导水产养殖绿色发展理念。

图文并茂，融合多媒体出版。在内容表现形式和手法上全面创新，在语言通俗易懂、深入浅出的基础上，通过“插视”和“插图”立体、直观地展示关键技术和环节，将丰富的图片、文档、视频、音频等融合到书中，读者可通过手机扫二维码观看视频，轻松学技术、长知识。

品种齐全，适用面广。丛书遴选的养殖品种养殖规模大、覆盖范围广，涵盖国家主推的海、淡水主要养殖品种，涉及稻渔综合种养、盐碱地渔农综合利用、池塘工程化养殖、工厂化循环水养殖、鱼菜共生、尾水处理、深远海网箱养殖、集装箱养鱼等多种国家主推的绿色模式和技术，适用面广。

以案说法，产销兼顾。丛书不但介绍了绿色养殖实用技术，还通过案例总结全国各地先进的管理和营销经验，为养殖者通过绿色养殖和科学经营实现致富增收提供参考借鉴。

本套丛书在编写上注重理念与技术结合、模式与案例并举，力求从理念到行动、从基础到应用、从技术原理到实施案例、从方法手段到实施效果，以深入浅出、通俗易懂、图文并茂的方式系统展开介绍，使"绿色发展"理念深入人心、成为共识。丛书不仅可以作为一线渔民养殖指导手册，还可作为渔技员、水产技术员等培训用书。

希望这套丛书的出版能够为我国水产养殖业的绿色发展作出积极贡献！

农业农村部渔业渔政管理局局长：刘新中

2021年11月

前　言 FOREWORD

鳜俗称“桂鱼”“桂花鱼”“鳌花鱼”“季花鱼”等，常见种类有翘嘴鳜、大眼鳜、高体鳜、斑鳜、波纹鳜、麻鳜、暗鳜、长体鳜、白头氏少鳞鳜、刘氏少鳞鳜等10余种。鳜作为中国淡水鱼中名贵高档鱼类，越来越受到人们的喜爱。近年来，鳜年产量均超过30万吨，产值达200亿元。

鳜食性奇特，通常自开食起终生以活鱼虾为食，拒食人工饲料。这种现象在世界养殖鱼类中绝无仅有。鳜养殖方式目前主要是活饵料鱼养殖、鲜死鱼和冰鲜鱼养殖、配合饲料养殖，养殖模式主要是土池塘养殖、池塘工程化养殖、循环水养殖等。目前，鳜苗种培育与商品鱼养殖全程投喂适口活饵料鱼，不仅生产过程中适口活饵料鱼的稳定供应问题往往成为鳜养殖生产以及养殖规模发展的关键制约因素，而且活饵料鱼在捕捞运输途中很易受伤染病，往往会携带病原并传染鳜，导致鳜病害频发与渔药滥用问题。因此，用人工配合饲料替代活饵料鱼是推动鳜产业发展，走上可持续发展的必由之路。

笔者团队在揭示鳜摄食机制的基础上，探索总结出鳜饲料驯化技术与流程，开展鳜饲料驯化与养殖，并在多个养殖基地开展饲料养殖模式推广应用。通过鳜饲料营养需求研发，完善鳜饲料配方及饲料配制，配合养殖模式优化，制订相关技术标准与操作规程，提高鳜饲料养殖效率。推广鳜饲料可控养殖，可实现鳜高效健康养殖，将加快推进水产养殖业绿色发展。

本书将分鳜养殖概况、鳜基本生物学特征、鳜绿色高效养殖技术、鳜饲料养殖实例、鳜产品加工五章进行介绍。本书编写过程中，梁旭方整体设计、提供相关素材并参与修改校稿，刘立维具体执行书稿实施并参与写作与修改校稿。李姣和张其伟参与第一章编写；蔡文静和庄武元参与第二章编写；汤树林参与第三章编写；张焱鹏和易屹参与第四章编写；徐晶参与第五章编写。

由于时间匆忙、编写水平有限，书中难免有纰漏之处，恳请广大读者批评指正。

华中农业大学鳜鱼研究中心主任　梁旭方

2021年1月于武昌南湖狮子山

目录 CONTENTS

第一节　鳜绿色养殖优势

一、生态养殖是水产产业绿色发展的趋势

随着现代化经济的不断发展，人们对饮食健康问题也越来越重视。因此，生态养殖模式应运而生。生态养殖模式是以健康生态为基础，在改善膳食结构的同时提高农民收入水平，使生态养殖业可持续发展（图 1－1）。近年来，渔业高速发展，高投入、高产出（主要为产量）的同时，也造成了一些问题。一方面，鱼、虾、蟹等水生动物的排泄物，残饵等经长年累积，底质富集了硫化物、氨氮、甲烷等有毒有害因子，严重污染了养殖水体，水中溶解氧、pH 波动大，破坏了养殖水体的生态平衡，使之失去正常的自然调节功能，致使传染性疫病大规模暴发；加之藻类和水生动物尸体分解产生有毒物质导致鱼、虾、蟹类缺氧甚至中毒泛塘，给养殖生产造成了严重损失，使水产品品质下降，渔业产值难以增加。另一方面，在利益的驱使下，大面积、无序地在江河、水库等水域超负荷地开展网箱养鱼、围网养殖等行为，养殖废水未经处理直接排放到天然水域，造成水质污染，破坏自然水域生态系统。而且，在污染环境下养殖出来的水产品部分指标超标，制约了出口创汇。同时，严重危害消费者利益，市场前景堪忧。因此，发展生态水产养殖是进行供给侧结构性改革的重要举措，是市场需求，是渔业可持续发

展的出路，是实现渔业提质增效的主要措施和方法，是国家政策导向，是渔业快速发展的必然产物，势在必行。

图 1-1 水产生态养殖

水产养殖绿色发展是以绿色、低碳为发展理念，以高效、优质、生态、健康、安全为发展目标，用最严格的环境保护措施，发展环境友好型水产养殖。科学规划，合理布局，遵循水产养殖对象的生物学习性，通过现代科学的方法和手段，深入了解和掌握其自然规律及生活习性，以更为科学的方法、技术模式开展养殖生产。以生态系统自我调节为主导，减少或避免使用高毒、具有残留的药物，以生物制剂或中草药，如 EM 菌和大蒜素等进行水产疾病防控，提高成活率，获取优质高效水产品。

二、生态养殖是渔业发展的必由之路

1. 开展生态养殖是国家渔业战略导向

党的十八大以来，国家高度重视生态环境问题，提出了新发展理念，把生态文明建设、绿色发展、供给侧结构性改革摆在了全局工作重要位置，坚持节约资源和保护环境的基本国策。2013 年 11 月，十八届三中全会提出加快建立系统完整的生态文明制度体系；此后，四中全会要求用严格的法律制度保护生态环境；在党的十八届五中全会上，首次提出“创新、协调、绿色、开放、共享”新发展理念。

2. 开展生态养殖是市场需求

一方面随着常规水产品产量大幅增长，出现供大于求，产值和品质降低的局面；另一方面人民群众的生活水平大大提高，对高质量，特别是对生态健康的水产品需求日趋增加。渔业的主要矛盾由总量不足转变为结构性矛盾，矛盾的主要因素在供给侧，这就需要积极推进渔业供给侧结构性改革，以市场需求为导向，提升水产品质量，满足市场需求。

3. 开展生态养殖是渔业可持续发展的重要保障

传统渔业增效小、市场萎缩、渔民增收少、对农业环境污染日显突出，这就提出了渔业走向与出路问题（图 1－2）。渔业的出路在于增加自身发展驱动，加强技术创新，提升发展动力。进行渔业供给侧结构性改革、优化结构，是提升渔业发展生命力的需求，是渔业可持续发展的保障。

图 1－2　传统渔业

4. 水产养殖绿色发展的优势

（1）生态优势。开展生态健康的养殖模式，是根据养殖对象的生物学习性，维护一个相对平衡的生态系统，保障养殖品种的健康生长，减少用药或不用药，节约投入成本，保障水产品的健康生态。采取生态养殖模式，保证了养殖水质良好，减少了养殖污染废水的排放量，有效保护了养殖区域及周边的生态环境（图 1－3）。

图 1-3　生态养殖

（2）产品市场竞争优势。作为生态养殖模式的稻田养鱼，稻田养蟹、养虾，立体种养等养殖类型方兴未艾，所生产的水产品和稻米深受消费者欢迎，供不应求，价格好，产值高，竞争优势明显（图 1-4）。上海某水产养殖专业合作社开展稻蟹养殖，所产的稻米通过有机产品认证，销售单价为 50 元/千克，是市场上优质大米（平均 8 元/千克）单价的 6.25 倍，所养殖的生态大闸蟹最低为 600 元 10 只（雄蟹 170 克，雌蟹 115 克），最高的达 2 500 元 10 只（雄蟹 265 克，雌蟹 200 克），是普通大闸蟹价格的 2～10 倍。贵州

图 1-4　生态养殖风景

余庆某养殖合作社开展稻田养殖，所生产的稻米，5 千克装售价 66 元，合 13.2 元/千克，是市场优质大米售价的 1.65 倍。全国各地开展稻田养鱼、荷田养鱼所产的稻香鱼、荷花鱼等售价大都介于 20～40 元/千克，是市场价（平均 14 元/千克）的 1.43～2.86 倍。以上产品市场供不应求，大大提高了渔业企业竞争优势，激活了企业发展动力，提质增效明显，解决了渔业供给侧结构性问题，为渔业产业可持续发展走出了一条绿色高效的路子。

三、新型生态养殖模式生产潜力巨大

1. 稻渔综合种养技术模式

该技术是通过稻鱼、虾、蟹共生原理，一方面，鱼、虾、蟹利用稻田里的杂草、底栖动物、昆虫等天然饵料获取饲料；另一方面，鱼、虾、蟹清除了稻田里的杂草，以及螺等一些稻谷病害的中间宿主，减少或避免了稻谷病害的发生，提高了稻谷产量，节省了人工、农药等生产成本，同时保证稻谷与水产品的生态健康（图1－5）。

图 1－5　稻渔综合种养技术模式

2. 池塘工程化循环水养殖模式

该模式俗称“跑道养鱼模式”，是采取在池塘中建设流水槽等设施（约占池塘总面积 2%），进行高密度集约化养殖，对池塘 98%左右的面积进行水质净化，使养殖用水得以长期循环利用，达到环境友好、可持续健康发展目的。在养殖流水槽中采用气推、气提等形式增氧，保证了池水昼夜的高溶解氧、长流水环境，从根本上保障了养殖产品的优质高产，其总产量达到或超过原来整个池塘的养殖总产量。该养殖模式的养殖用水被循环利用，管理操作实现智能化、机械化，减少了人力的投入，便于规范化管理，有利于水产品质量监管。该模式营造了一个相对独立的优良养殖水域环境，不对外界环境造成污染，外界对其影响小，减少用药量，方便捕捞。在净化区域投放滤食性鱼类，种植水稻、莲藕等，一方面净化水质，保障养殖水产品的品质；另一方面可以获得一定数量的产品，增加产值，提高效益，是环境友好型渔业（图 1 - 6）。

图 1 - 6　池塘工程化循环水养殖模式

3. 鱼菜共生生态立体养殖模式

通过在鱼虾蟹池中种植空心菜和轮叶黑藻、苦草、伊乐草等水生植物，第一，为虾、蟹蜕壳提供隐藏的地方，躲避敌害，避免自相残杀，提高成活率；第二，为虾、蟹生长提供优质天然饵料，减少人工饵料成本；第三，水草可以吸收氮、磷肥等无机物，净化水质，减少病害发生，节约用药成本；第四，水草的光合作用增加了水中溶解氧，可少开增氧机，节约电力增氧成本。同时，采取虾、鳙、菜、草立体种养殖模式，每千克鱼虾的售价可以比同类产品高出 40%左右；除鱼、虾的收入外，空心菜增加了总的

经济收入，部分轮叶黑藻、苦草、伊乐草可以作为观赏水草和鱼、虾、蟹的饲草销售，增加收入，提高单位水体的产品产量，生产出优质、生态、营养丰富的绿色水产品，增加了池塘综合效益（图 1-7）。

图 1-7　鱼菜共生生态立体养殖模式

4. 集装箱养殖模式

该技术模式是在池塘边上安装一排集装箱，把池塘中的鱼养到集装箱中，箱与池塘连成一体化的循环系统，把池水抽起，经过臭氧杀菌，在集装箱体内进行流水养鱼，养殖尾水经过固液分离后返回池塘净化，不再向池塘投喂饲料、泼洒渔药，池塘成为湿地生态池、净化池。该模式养殖密度高，占地面积少，移动性强，安装简单，单产高，污染少。该模式利用大面积池塘作为缓冲和水处理系统，生态修复能力强大，耗能低，在产量相同的情况下，集装箱养殖模式的耗能仅为池塘养殖的 1/3。具有减少饲料浪费，捕捞简单，用工量少，成活率高，便于运输且保持质量，抵御自然灾害能力强，病害可控的优点（图 1-8）。

图 1-8　集装箱养殖模式

5. 工厂化水产养殖系统

工厂化水产养殖是一种将传统渔业工业化改造的养殖模式，它利用现代化的科学技术（包括机械工程学、生物学、水处理化学、机电工程学、电子信息学、建筑学等）对水产品进行高密度、集约化生产。经过科学论证、精心设计、多次试验，最终实现水产养殖行业低污染、低风险、高效益、可持续发展的经营目标。有流水式工厂化水产养殖、全封闭循环水养殖、循环水水产育苗、水族及海洋馆工程 4 种具体形式。目前已有鲟、鲑鳟养殖和鱼苗培育采用流水养殖。该模式低碳环保、高密度、高效益，不受外界自然环境的影响和制约，可以一年之中多轮下苗，做到不间断销售、反季节上市、节假日集中销售等，最终达到利润最大化。此外，该模式大大降低了水产养殖过程中的病害暴发风险，可以大大减少水产养殖过程中的人工成本（图 1-9）。

6. 海洋牧场

根据养殖水域（电站库区、水库等）的承载能力，科学规划，合理布局，在渔业主管部门的监督下，制订科学严谨的管理制度，

图 1-9 工厂化水产养殖系统

通过投放安全健康苗种，补充天然水域种群数量，保证整个水域生态系统平衡。经有计划回捕，获取生态健康、高品质、高价值的水产品。

四、鳜的人工饲料绿色养殖

鳜是我国传统的名贵淡水鱼，俗称"桂花鱼"，英文名为Chinese perch，属于鲈形目（Perciformes）、鳜亚科（Sinipercinae）。鳜肉质丰腴细嫩、味道鲜美可口、无肌间刺、胆固醇低、营养价值高，不仅在中国需求大，海外市场也非常好。2019 年，我国鳜产量 32 万吨，产值 200 多亿元。目前，鳜主要养殖种类有翘嘴鳜（*Siniperca chuatsi*）、斑鳜（*Siniperca scherzeri*），斑鳜与翘嘴鳜的杂交种也有少量养殖。翘嘴鳜原产于湖北，引种到珠江三角洲地区后，依靠从东南亚地区引种的鲮作为活饵料鱼，翘嘴鳜的人工养殖在当地得到了迅速发展，并很快形成了以池塘养殖为主体的规模化养殖。目前，长江中下游地区鳜规模化养殖发展最快，特别是湖北和江苏。鸭绿江斑鳜是辽宁名优品种，主要在辽宁丹东鸭绿江进行网箱养殖，2000—2008 年产量较高，但由于后期疾病流行暴发，现养殖规模降低（图 1－10）。

图 1－10　主养品种之一——翘嘴鳜

鳜为夜行性底栖凶猛肉食鱼类，其食性非常奇特，自开食起终生以活鱼虾为食，通常拒绝摄食死饵料鱼或人工配合饲料，这种现象在鱼类中十分罕见。从 20 世纪 80 年代开始，我国鳜人工养殖发展迅速，已在人工催产繁殖、鱼苗培养及商品鱼养殖等多项关键技术研究上取得突破，形成人工繁育、成鱼养殖和饵料鱼配套饲养的规模化产业。鳜商品化养殖历来以投喂活饵进行，鳜鱼苗出膜即以其他种鱼苗为食，因此在自然条件下苗种成活率低。在生产过程中，苗种培育及其活饵料供应成为大规模养殖发展的制约因素。目前，我国生产上采用鲫、鲮、鲢等家鱼苗种作为饵料养殖鳜，饲料成本高，以活饵料鱼养殖每千克鳜的饲料成本为 15～20 元，饲料系数为 5～10。养殖者利用禽畜的粪便肥水养殖饵料鱼并喂养鳜，以此来降低成本。但这种养殖模式不仅对我国宝贵的水资源造成了严重污染，也影响了我国淡水鱼珍品鳜千百年形成的美誉。此外，1 亩*鳜养殖塘需要搭配 4 亩饵料鱼养殖塘，水面利用率低，且大量消耗大宗淡水鱼苗种作为鳜饵料鱼，已对我国淡水鱼池塘养殖及大水面放养造成了不利影响。鳜养殖所需的活饵料鱼要求定期投喂，而这些活饵料鱼由于携带病原，容易发病并传染鳜，不仅经济损失严重，还导致鳜药残超标、出口受限，同时也无法通过药饵方式进行有效预防和治疗。鳜于 20 世纪 80 年代开始即是我国的拳头出口水产品，但现在许多出口企业担心养殖鳜被检出产品质量安全问题，故不敢经营。

近年来，我国的鳜人工饲料研究取得了突破性进展。1994 年，首次用冰鲜饲料驯化网箱养殖商品鳜，在鳜食性驯化方面获得了成功（梁旭方，1994a）。随后又获得了以鲜鱼、鱼块与配合饲料驯养鳜试验的成功，驯化率达到 88%以上，饲料系数降为 2.7 以下（梁旭方等，1995，1997，1999）。梁旭方确定了鳜驯食人工饲料有效而稳定的方法，最终鳜可以稳定摄食低鱼肉含量的人工配合饲料（梁旭方，1994b，1995a，1995b，1996a，1996b；Liang et al.，1998，2001，2008）。此后，很多研究围绕着鳜营养需求展开。例如，吴遵霖等（1995）初步确定了鳜幼鱼配合饲料蛋白质最适含量为 44.7%～45.8%。笔者团队以大量不同试验配方在室内水泥池和水库网箱做饲养试验，确定了鳜在鱼种（54.91 克/尾）和成鱼（378.08 克/尾）阶段对蛋白质和能量的营养需求。结果表明，鳜对蛋白质的需求量较高，对脂肪的耐受性较强，而对糖类则几乎不能有效利用。以进口白鱼粉为蛋白源，鸡肠脂肪和鱼肝油为能源，确定鳜种在投喂率为 5%时，饲料的适宜蛋白质含量为 53%，脂肪含量为 6%；鳜成鱼在投喂率为 3%时，饲料的适宜蛋白质含量为

* 亩为非法定计量单位，15 亩=1 公顷。——编者注

47%，脂肪含量为 12%（图 1-11）。

图 1-11 驯食人工饲料

第二节 鳜养殖市场价值

鳜具有较高的食用价值与市场价值。

自古就有“海中梭，江中鲥，河中鳜”之说。从消费市场来分析，鳜的市场定位是大众化的高档鱼品种。目前，鳜已经成为全国大多数水产市场中的必备商品，也是很多大型超市活鱼柜台的必备商品之一。随着社会消费水平的提高，消费层次日益多元化，鳜的市场消费量也会逐步扩大。

鳜为肉食性鱼类，常常膘肥体壮，古诗有“桃花流水鳜鱼肥”，因而得名胖鳜。鳜肥满度很高，肉质丰腴细嫩，味道鲜美可口，营养丰富，富含人体必需的 8 种氨基酸。鳜因无肌间刺，所以是小孩和老人理想的高蛋白、低脂肪的保健食品。

鳜肉洁白、细嫩而鲜美，富含蛋白质。每百克可食部分含蛋白质 15.5～19.3 克，脂肪 0.4～3.5 克，热量 326.5～456.3 千焦，钙 79～206 毫克，磷 107～143 毫克，铁 0.7～5.6 毫克，硫胺素 0.01 毫克，核黄素 0.10 毫克，烟酸 1.9 毫克。据检测分析，鳜中各营养成分含量分别为蛋白质 19.9%，脂肪 1.5%，糖类 0.05%，钙 0.05%，钾 0.037%。其中，人体 8 种必需氨基酸总含量高达 6.52%，而且鲜味氨基酸含量高达 5.44%。

鳜俗称桂花鱼，其味清香扑鼻，鲜美可口，可谓“席上有鳜鱼，熊掌也可舍”。鳜自古就被列为名贵鱼类之一。1972 年出土的马王堆汉墓内的随葬品中，就有鳜出现。在广东，鳜被列为“西江四大名鱼”之一，深得人们喜爱，常被用来制作宴席佳肴，也是传统出口的名贵水产品。

我国的商品鳜以鲜活消费为主，行销高档酒店、餐馆和水产品市场，广受消费者推崇。我国的商品鳜出口每千克售价 80～100 元，创汇率很高。鳜是名特优水产品养殖中最有前途的品种之一，从鳜的市场情况来分析，它的价格在高档淡水鱼中相对比较稳定。

近年来，人工养殖鳜迅猛发展，特别是在我国经济发达、水产养殖水平较高的珠江三角洲地区，鳜已成为名贵水产品养殖的主导鱼类。

1. 养殖鳜是有效的致富途径

同一地区鳜单位面积产量虽较养殖“家鱼”低，但池塘单养产量一般可达每公顷 3 000～6 000 千克（即亩产 200～400 千克），有的高达 7 500～10 500 千克。鳜市场价格高（目前鲜活鱼价一般为 50～80 元/千克），因此其产值较养殖“家鱼”约高 10 倍，利润高 4～13 倍，养殖鳜已成为广大农户迅速致富的一条有效途径（图 1－12）。

2. 促进其他鱼类养殖

鳜终生以活鱼虾为饵，这给鱼苗繁殖、鱼种培育过剩的地区和单位找到了一条就地转化的出路。例如，佛山市南海区以往鲢、鳙、鲮鱼苗过剩，千方百计争夺北方市场，自从鳜养殖业在该地区兴起后，这些鱼类鱼苗的需求量成倍上升，投放量增加 10 倍以上。另外，过去投放鱼苗为 300 万尾/公顷，现在却投放 1 500 万～3 000 万尾/公顷，目的是给鳜提供饵料。

图 1-12 水产养殖池塘

第三节 国内外鳜养殖发展历程

一、养殖方式的发展变化

由于鳜生性凶猛，以其他鱼、虾为食，过去被列为池塘养鱼的敌害类加以控制。20 世纪 80 年代以来，随着人民生活水平的提高，国内外市场对鳜的需求量大增，而自然资源不能满足供应，水产科技人员相继解决了鳜人工繁殖、鱼苗培育、成鱼饲养、饲料鱼配套生产供应等技术问题，使鳜人工养殖迅速发展起来。以广东省为例，1985 年开始组织人工养殖技术研究，1990 年应用于生产，到 1995 年已发展到养殖 4 800 多公顷（7 万多亩），产量 2.1 万吨、产值 10 亿多元的新兴养殖业。

20 世纪 70 年代初，我国就开始了鳜人工繁殖的研究，现已形成了人工繁殖、苗种培育和池塘养殖成鱼技术。湖北、江苏、广东和湖南等省份的养殖水平、规模效益要高一些。养殖主要品种有大眼鳜、翘嘴鳜、斑鳜等。其中，以翘嘴鳜养殖最为普遍，养殖效果最好。近10年来，人工养殖以及湖泊放流鳜迅速发展，特别在我国经济发达、水产养殖水平较高的珠江三角洲地区，鳜已成为名贵水产品养殖的主要种类。同时，各地正进行各种形式的鳜养殖。值得一提的是，以前将鳜作为大水面养殖的危害鱼类而清除；近5年来，却通过放流鳜改善湖泊中鱼类种群结构，取得了显著效果。

我国池塘人工养殖鳜试验始于20世纪50年代。1958年，有不少地区的养殖单位采捕天然鱼苗进行试养。70年代，江苏、浙江、湖北等省份在鳜的人工繁殖技术上取得重大突破，使人工养殖得到推广和发展。至80年代末，已基本上完善了从人工繁殖、苗种培育至商品鱼饲养的全人工养殖技术。90年代以来，池塘鳜养殖迅速发展，且形成了一定生产规模，涌现出了不少高产地区。如广东省的鳜池塘单养技术居国内领先地位，单产9 000～15 000千克/公顷，江苏省的池塘养鳜单产超过7 000～8 000千克/公顷（图1－13）。

图1－13 池塘养鳜

回顾我国鳜养殖产业的发展历程，大致经历了以下3个阶段。

第1阶段：以天然捕捞为主并开展了鳜的人工试养。我国野生鳜资源丰富。20 世纪 70 年代以前，我国鳜产量主要来自捕捞天然野生鳜。自 50 年代开始，我国就有不少地区采用天然捕捞的鳜苗种进行试验性养殖。试验结果表明，鳜可以在池塘等小水体养殖。这一时期，我国水产工作者对鳜生物学进行了大量基础研究，如 1956—1957 年蒋一珪对梁子湖鳜进行生物学调查等。但由于人工繁育技术没有取得突破性进展，鳜人工养殖发展十分缓慢（蒋一珪，1959）（图 1－14）。

图 1－14 捕捞鳜

第 2 阶段：鳜的人工繁育成功奠定了鳜人工规模养殖的基础，天然活饵料鱼的解决为鳜养殖发展提供了保障。20 世纪 80 年代以来，我国不少地区，如湖北、广东、浙江、江苏、江西、湖南等省份相继开展了人工养殖鳜的试验，在这一时期解决了鳜人工繁殖、苗种培育、商品鱼养殖等一系列技术难题，从而使鳜人工规模养殖得以快速发展。湖北、江苏的鳜人工繁殖技术研究始于 70 年代，而鳜的规模化人工繁育在珠江三角洲发展最快。这一时期的主要特点是以池塘混养或套养鳜为主。随着养殖技术的不断突破，已逐渐由混养转变成主养与混养并存。目前，广东地区仍然是我国鳜苗种集散地与商品鱼主产区（图 1－15）。

第 3 阶段：鳜人工养殖产业进入鼎盛发展时期。从 20 世纪末到现在，鳜养殖呈现蓬勃发展的态势，鳜养殖产业发展呈现出区域化、规模化、专业化、标准化、品牌化的特点。其中，鳜苗种繁育已形成以广东为主，湖北、湖南、江苏等为辅的苗种供应格局；鳜

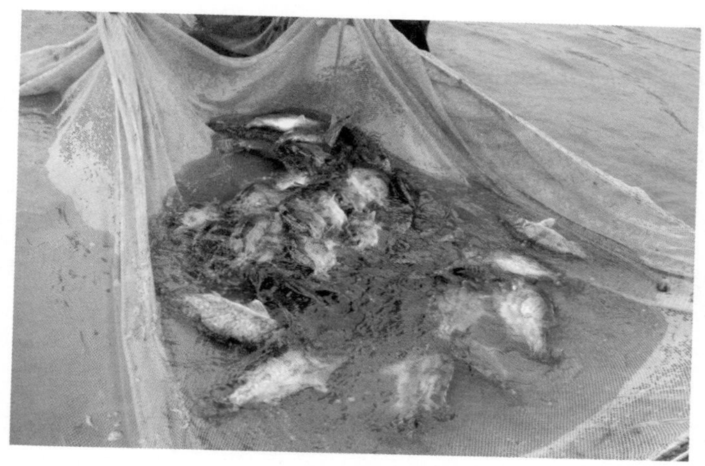

图 1-15 拉网打捞鳜

养殖模式有池塘主养鳜、鱼蟹混养鳜、湖泊与水库等天然水域的增殖放流鳜、网箱养殖鳜等。鳜类养殖品种已从过去单一的翘嘴鳜养殖，发展到如今翘嘴鳜与斑鳜等多品种养殖同发展的格局；鳜养殖的单位面积产量与年产量也逐年提高。

而我国鳜养殖模式的发展也经历了从一开始与其他鱼类混养，到成为主养品种，发展至今规模越来越大的历程。

1. 早期混养

鳜养殖试验在我国始于 20 世纪 50 年代。1958 年，就有不少地区和单位采捕天然鱼苗进行试养实验，结果表明，鳜可以在小水体里养殖。此后，有些单位开展鳜的人工繁殖和鱼苗培育试验研究，但仅能繁殖出鱼苗而不能育成夏花。1975 年，江苏省苏州市水产养殖场从金鸡湖中捕捞野生的成熟鳜亲鱼人工催产获得成功后，将人工繁殖的鳜鱼苗于当年养成商品鱼 482 尾，共 181 千克。接着在 1976—1979 年对池塘饲养成熟的亲鱼进行人工催产也获得成功。

1985 年，广东省水产厅将“鳜鱼人工养殖技术研究”这一项目交给佛山市水产养殖技术站和南海县水产养殖场，项目承担单位于当年6月从湖北省购买在长江捕捞的鳜鱼苗1 560尾，空运回来专塘饲养，供选种培育亲鱼。同时，从当地从事江河捕鱼的渔民手中收购性腺成熟的大眼鳜进行人工催产试验，孵出鱼花7 289尾，然后培育成7朝（3厘米长）鱼苗在池塘试养。1986年，人工繁殖翘嘴鳜成功，并与同期繁殖的大眼鳜进行生长对比试验，到1987年2月中旬，清塘收获，翘嘴鳜平均体重466克（最大1 225克，最小250克），而大眼鳜平均体重80克（个体大小差别不明显），认为翘嘴鳜平均体重比大眼鳜大4～5倍，当年可养成商品鱼，确定为研究项目的主攻对象。

2. 兴起主养

1987年，项目承担单位以繁育、饲养翘嘴鳜为主，共分6批催产亲鱼31对，产卵285万粒，孵化鱼苗132万尾，培育成7朝规格以上鱼苗2.4万尾。1988年，在上一年繁殖育苗和成鱼养殖获得初步成功的基础上扩大试验，重点提高鱼苗培育成活率和成鱼养殖单产，进一步总结鳜养殖技术措施。共催产亲鱼5批20组，产卵132万粒，孵苗75.5万尾，培育鱼苗14万尾。同时，安排10口池塘共2公顷（30亩）进行纯养高产试验，养殖102～208天，共收获商品鳜17 769尾，重量7 070千克，成活率88%，平均每亩产量235.5千克，饲料系数5.63。总产值53万元，成本支出26.2万元，利润26.8万元，平均每亩产值17 672元，利润8 944元。其中，最高产的一口池塘，放养体长7～8厘米（平均体重4.5克）的鳜种1 500尾，养殖153～179天，收获商品鳜1 424尾，总重701.5千克，平均每亩放鳜种714尾，产量334千克（图1-16），产值2.47万元，利润13 816元。鳜种成活率约95%，商品鱼平均体重约493克，饲料系数4.55。当年组织商品鳜出口3 928千克。

池塘主养鳜试验成功，取得良好经济效益和社会效益，社会反响很大。珠江三角洲塘鱼主产区积极推广鳜养殖，使鳜养殖面积和产量成倍增长。到1993年，广东省主养鳜面积已突破2 000公顷。产量1.2万吨，产值6亿多元。1994年，养鳜增加到3 300公顷，因病害流行，生产受到影响，单产水平有所下降，但产量仍达

图 1－16 鳜养殖池塘

1.86 万吨，产值 10 亿元，均比上年增长 50%以上。1995 年，广东省养鳜面积增加到 4 800 公顷，产量 2.14 万吨，产值 10 亿元以上。

3. 形成基地

近年来，鳜大水面增养殖也取得较大发展。湖北、广东、江苏等地先后在水库、湖泊、江河等天然水域开展网箱养殖鳜，由于水体小、密度大，较好地解决了鲢、鳙等上层鱼类作为鳜饲料的问题，这对于发展长江流域的鳜集约化养殖具有重要意义。安徽、湖北等省份进行湖泊围网养殖鳜试验，均获得较为理想的养殖效果，鳜单产达到甚至超过当地池塘养殖的水平。目前，在长江中下游浅水湖泊放养、增殖鳜也获得成功，不仅养殖成本低、产量高，而且能有效控制湖泊野杂鱼的种群数量，促进放养鱼类的生长，在维护渔业生态系统平衡的前提下提高湖泊综合效益。广东省新丰江水库已采取措施增殖鳜，也取得较好的效果（图 1－17）。

江西省南城县鳜网箱养殖基地建设实现了突破，成功获得中央财政资金补助 110 万元，加上省、市补助共 150 余万元，同时自筹资金 255 万元，专项用于鳜网箱养殖基地建设，为鳜养殖产业快速

图 1-17 网箱养殖鳜

发展注入了“强心剂”。近年来，该县在鳜养殖方面出台了种苗补贴、信贷倾斜、收费减免、奖励扶持等一系列政策。其中，种苗补贴按照放养 500～5 000 尾补贴鱼苗款每尾 0.5 元，5 000 尾以上补贴鱼苗款每尾 1 元的标准，对新增鳜精养面积的农户进行奖励，调动了农户参与鳜养殖的积极性。该县通过建立基地、统一规划、合理布局、集中连片的方法，已建立 4 个百亩鳜养殖示范基地，发展精、套养鳜面积近 2 万亩，掀开了鳜养殖“区域化布局、专业化生产、一体化经营”的大幕（图 1-18）。

图 1-18 拉网打捞鳜

二、历史文化

“鳜”是值得玩味的，古代鳜称鲚。鲚是从“罽”而来，罽是毛织物，罽锦丽且坚，古人认为鳜身如罽锦，因此称它“罽鱼”，因为“罽”字难写，就写成“鲚”。李时珍在《本草纲目》中解释：“昔有仙人刘凭常食石桂鱼，桂鳜同音，当即是也。”

鳜文化历史悠久，唐代诗人张志和词中描述道“西塞山前白鹭飞，桃花流水鳜鱼肥。青箬笠，绿蓑衣，斜风细雨不须归。”全诗着色明丽，用语活泼，塑造了一位渔翁的形象，生动地表现了渔夫悠闲自在的乡村生活。南宋诗人陆游有诗：“船头一束书，船后一壶酒，新钓紫鳜鱼，旋洗白莲藕”。鳜曾作为绍兴的八大贡品之一，曾有诗描绘：“时值秋令鳜鱼肥，肩挑网箱入京畿。”明代诗人李东阳则在《鳜鱼图》这首诗中描写了鳜的形态、生活环境及习性，诗中写道：“泮池雨过新水长，江南鳜鱼大如掌。沙边细荇时吐吞，水底行云递来往。”清人屈大均的《广东新语》中有“鲳白鳢白鲚花香，玉筋金盘尽意尝”。

1. 臭鳜鱼

徽州名菜“徽州臭鳜鱼”别有风味。它称作“桶鲜鱼”，又俗称“腌鲜鱼”。所谓“腌鲜”，在徽州土话中就是臭的意思。这道菜诞生于上百年前黄山西南麓的黄山区郭村乡的小村落扁担铺。

有一年，徽州府调来了一个姓苗的酷吏当知府。此人嗜鱼成性，食不离鱼，且爱吃活蹦乱跳的鲜鱼，尤其是鳜鱼，这可就难坏了他手下的衙役们。因为，徽州境内重峦叠嶂，水流湍急，难产大鱼，徽州人吃鳜鱼都要从贵池、铜陵等沿江地区靠肩挑运进，往返一趟要六七天。

当时没办法保鲜，鱼一腐烂就只好丢弃，一些商人因此折本而破产。商人只有在天气转凉时，才到江边去购鳜鱼，用木桶盛装，雇挑夫沿池州至徽州的府际干道挑往徽州山区贩卖。

扁担铺地处池州至徽州府际干道的中段。一出扁担铺就到了徽州地界，翻过上七里下八里的羊栈岭，就是古黟的宏村。这一年，经常给苗知府运送鳜鱼的衙役王小二看天气转凉了，就雇了8个挑夫到江边去收购活鳜鱼，然后赶紧往回赶，可是天公不作美，上路后天气转热，鳜鱼在桶中开始窒息。王小二只好催挑夫日夜兼程往前赶，到了扁担铺住店后，王小二打开桶盖看看，不少鱼已经窒息而死了，散发出一股臭味。王小二着了急，所幸他脑瓜子灵活，情急生智，忙叫挑夫把鱼刮鳞剔鳃，剖肚剔肠，然后在鱼身上抹上一层食盐杀杀臭味。为试鳜鱼"腌鲜"的味道如何，王小二取出几条大鳜鱼叫扁担铺一饭店厨师煎烧。厨师放了佐料红烧后，大家试着尝了尝。真是不吃不知道，吃了吓一跳。大家认为虽与鲜鳜鱼味道相差很大，却别有一番风味。主意已定，王小二叫众挑夫饭后继续赶路，将"臭"鳜鱼尽快挑到徽州府，众人均不解其意。

王小二的兄长王老大是府前街一家名餐馆的厨师。王小二一到徽州府，没有忙着去衙门复命，而是将8个挑夫挑的16桶臭鳜鱼全部交给了王老大。王老大雇请来城里的诸多厨师，洗净臭鳜鱼，然后配姜、蒜、椒、酱、酒、笋等佐料精烧细制，又写了一条"徽菜珍品风味鳜鱼应市，本店免费品尝"的横幅拉出来，立即吸引了许多顾客，不少达官贵人、市井人家应约而来，品尝"风味鳜鱼"。大家吃过鱼后，都连连道好，问王家兄弟是用什么神奇的佐料烧制的，王家兄弟笑而不答。

再说苗知府没有如期吃上王小二去贵池购买的鲜鳜鱼，早已对鱼馋涎欲滴，正在这时，王小二从府前街端了一锅"风味鳜鱼"送到苗知府的餐桌上，苗知府顾不了多问，张口一尝，道："风味鳜鱼，名不虚传！"

原来这"风味鳜鱼"闻起来臭，吃起来香，既保持了鳜的本味原汁，肉质又醇厚入味，同时骨刺与鱼肉分离，肉呈块状。苗知府吃了还想吃，不再向王小二追问要吃鲜鳜的事了。"臭鳜鱼"由此声名远扬，一跃而登上徽菜谱。

自此以后，王家兄弟便在徽州府的市中心开了一家"风味鳜鱼馆"，做贩卖烹饪一条龙生意，用"风味鳜鱼"品牌招揽顾客，生意红红火火。据说有时鳜未腐到位，王家兄弟反而要挑夫将“桶鲜鱼”往回挑一程，臭了以后才挑往鱼馆烧制，以求烧出“风味鳜鱼”的特色（图1-19）。

图1-19 臭鳜鱼

2. 松鼠鳜鱼

“头昂尾巴翘，色泽逗人爱，形态似松鼠，挂卤吱吱叫。”形容的就是以鳜鱼为主料烹制而成的松鼠鳜鱼。松鼠鳜鱼不仅是苏菜中的珍品，其历史也是苏菜中最悠久的（图1-20）。

图1-20 松鼠鳜鱼

（1）松鼠鳜鱼与吴王阖闾。春秋时期，吴国公子光为了挽救吴国，决定除掉吴王僚而夺取王位。僚对自己严加保护，从不松懈，使公子光下手的机会非常少。但吴王僚有一个嗜好——爱吃鱼炙，他们决定就从这方面找机会。伍子胥向公子光推荐勇士专诸，专诸长得短小精悍，不引人注目，他被公子光派到太湖向名厨学习制作鱼炙技术。专诸学成归来，公子光便设计宴请吴王僚，命专诸扮成厨师，在鱼炙中暗藏匕首，趁向僚敬献鱼炙时将他刺杀。专诸领命后就去做准备，谁知僚似乎有所察觉，带来大批卫士，从公子光的门外到僚坐的宴席旁，每隔三步，便站着一个全副武装的卫士，而且对奉上的每道菜都要进行检查，以防不测。专诸见此阵势，经过一番思索，想出好办法，他将鱼背上的肉剔出花纹，入油锅一炸，鱼肉竖立起来，烧好后再浇上厚厚的卤汁，匕首藏在鱼腹里就看不出来了。专诸做好鱼炙，恭恭敬敬地端上来，通过检查之后，端到僚面前。就在僚被这奇特的造型和浓浓的香味吸引住时，专诸敏捷地抽出鱼腹中的匕首，刺向僚的胸膛。僚的卫士反应非常快，当专诸的匕首刺入僚身体时，卫士的戟也插进了专诸的心脏，专诸英勇地牺牲了，公子光却顺利地夺得王位，他就是吴王阖闾。

吴王阖闾任用伍子胥、孙武等，整顿内政，灭掉徐国，攻破楚国，终于使吴国成为春秋一霸。他不忘专诸建立的特殊功勋，经常让厨师做专诸创制的那种鱼炙，以示怀念。有一次，厨师刚把鱼炙端上来，阖闾身边的一侍从说："大王，您瞧这鱼炙多像松鼠，鱼肉像蓬松的松鼠毛，卤汁的颜色也是松鼠的棕色。"经他这么一说，大家都觉得像，于是就给它取名为"松鼠鳜鱼"。吴王喜欢松鼠鳜鱼，臣民们也跟着学，于是，松鼠鳜鱼便流传下来了。

（2）松鼠鳜鱼与乾隆皇帝。翻阅清代大型菜谱《调鼎集》，里面就有"松鼠鱼"的记载："松鼠鱼，取鳜鱼，肚皮去骨，托蛋黄，炸黄，作松鼠式。油、酱油烧。"《调鼎集》里记载的大多是清代乾隆、嘉庆年间的肴馔。

相传乾隆下江南时，有一天微服私访来到苏州，时值阳春三月，桃红柳绿，鸟语花香，人们纷纷到郊外踏青，城里城外，游人

如织。乾隆随民众一道观赏了几处春景后，又累又饿，看到观前街上有家叫“松鹤楼”的饭馆，便踱进门去。店主见来人虽然衣着平常，但气度不凡，料定小觑不得，于是赶紧送上精心烹制的松鼠鳜鱼。那鱼昂头翘尾、色泽艳红光亮，入口鲜嫩酥香，并且微带甜酸，乾隆于是连声夸好。正在这时，不知苏州知府从哪儿听到消息，带着一队人马屏声静气地恭候在松鹤楼门口，准备迎驾。店里人这才知道是乾隆皇帝驾到。乾隆吃得很满意，临走时还向店主人打听这松鼠鳜鱼的做法。后来乾隆第 2 次、第 3 次下江南时，总是光顾松鹤楼，并点名要吃松鼠鳜鱼，松鹤楼的松鼠鳜鱼从此就更加声名显赫了。

第四节　鳜养殖现状及发展前景

一、中国鳜养殖现状

目前，我国已较好地解决了从鳜人工繁殖、苗种培育到商品鱼养殖等一系列关键技术，形成一定的生产规模和产量，主要养殖地区有广东、湖北、安徽、江西、江苏、湖南、浙江等省份。其中，广东的商品鳜养殖规模最大，养殖面积占全国的 20%～40%（图 1－21）。

图 1－21　鳜运输

1. 苗种生产

我国鳜人工养殖所用苗种除捕捞一部分天然苗外，主要是依靠人工育苗。鳜人工育苗的关键技术之一是适时提供适口饵料鱼。经过对鳜人工繁殖的生态生理学特性的研究，通过科学制订饵料鱼的繁殖计划、改善投饵及培育方式等措施，已基本得到解决。影响鱼苗成活率的寄生虫病，通过采取彻底消毒繁育用水，杜绝病原体的带入而得到有效控制（图 1 - 22）。

图 1 - 22　环形孵化池

2. 重要养殖地区

广东鳜池塘养殖产量远远高于全国其他省份，主要得益于其得天独厚的饵料鱼资源。广东鳜饵料鱼主要为鲮，价格便宜。鲮一年可数次产卵，适于密养。易于控制生长速度，因而可为不同生长期鳜提供适口饵料。鲮为底栖鱼类，体细长而无硬棘，易于被鳜捕食，是非常合适的鳜饵料鱼。长江流域因冬季气温低无天然分布的鲮，当地量多价廉能用作鳜饵料的主要是鲢、鳙，但鲢、鳙均为上层鱼类，游动十分迅速，不易为鳜捕食，而且鲢、鳙在这些地区繁殖季节短，生长又很快，无法为不同生长期鳜提供适口饵料，因而影响了该地区鳜池塘养殖产量的提高。目前，江苏鳜池塘单产有较大幅度提高，也是大量采用团头鲂、鲫、鲤、麦穗鱼、鳑鲏等底栖鱼类作为饵料鱼的结果，其中的一些小型野杂鱼可在短期内形成繁殖种群，多次繁殖以补充饵料鱼之不足。另外，广东鳜生长期较长江流域长1～2个月及饵料鱼供销市场十分发达，也是广东鳜池塘高产的重要因素。

近年来，我国鳜大水面增养殖取得较大发展，特别是在长江流域已达到一定的生产规模（图1-23）。湖北、湖南、江西、江苏、浙江、广东等省份先后在水库、湖泊、江河等天然水域开展鳜网箱养殖试验，单产普遍较高，可达6～18千克/米^2。网箱养鳜由于水体小、密度大，较好地解决了鲢、鳙等上层鱼类作为鳜饲料的问题，这对于发展长江流域鳜集约化养殖具有重要意义。鳜人工饲料的进一步实用化与大规模应用推广，无疑会极大促进鳜网箱养殖在全国范围的快速发展。安徽、湖北等省份进行了湖泊围网鳜养殖试验，均获得较为理想的养殖效果，鳜单产达到甚至超过当地池塘养殖的水平，围网面积0.2～1.0公顷。目前，长江中、下游浅水湖泊放养、增殖鳜也取得成功，不仅养殖成本低、产量高，而且在维护渔业生态系统平衡的前提下能提高湖泊综合效益。增殖鳜不仅能促进放养鱼类的生长，而且还能有效控制湖泊中野杂鱼类的种群数量。

图1-23 养殖基地

二、世界其他鳜产区养殖现状

1. 朝鲜、韩国

朝鲜半岛共有翘嘴鳜、斑鳜、朝鲜少鳞鳜和日本少鳞鳜 4 种鳜亚科鱼类。其中，斑鳜和朝鲜少鳞鳜广泛分布于朝鲜和韩国，而翘嘴鳜和日本少鳞鳜仅分别局限于朝鲜和韩国。在朝鲜半岛，斑鳜资源较丰富，具有一定的渔业价值，特别是在韩国，为鳜亚科唯一具有养殖价值的种类。

韩国科学家研究了斑鳜的人工养殖及食性驯化问题并取得一定进展。用鳑与鲤等鱼类的鱼苗混合饲育斑鳜幼鱼获得 46.3%的成活率。用鳗鲡商品饲料驯食全长 4～5 厘米和全长 8.8 厘米斑鳜幼鱼的成活率分别为 74.4%和 82.7%，驯化时间为 1 个月。当斑鳜幼鱼全长超过 10 厘米时，驯食成功率降至 25%，驯化时间超过 3 个月。以鳗鲡等鱼类的商品饲料与饵料鱼苗混合饲育斑鳜鱼种的成活率超过 60%。用野杂鱼喂养的斑鳜鱼种，1 年后生长快于以鳗鲡商品饲料喂养的斑鳜鱼种。

2. 日本

日本仅有日本少鳞鳜一种，分布于日本南部河流中。由于个体小，在当地仅被当作观赏鱼饲养。鳜有望成为日本水族馆观赏鱼的新品种。

西村三郎对鳜类的起源和进化进行了研究，认为鳜类中的少鳞鳜属最为古老，其次是鳜属的波纹鳜、暗鳜和长体鳜，再次是大眼鳜、斑鳜，最后分化出来的是翘嘴鳜。通过生存竞争，进化的种类得到扩展，原始的种类萎缩，只生活在河流上游的恶劣环境中。

3. 越南

越南有翘嘴鳜、斑鳜和中国少鳞鳜 3 种，仅分布于红河流域。学者对红河的鱼类种群组成、来源和分布进行了探讨，认为红河属典型的热带河流，水流湍急，泥沙、淤泥较多，河水混浊，水生植物发育较差，不适于鳜类大量繁衍。

4. 其他国家

东南亚国家除越南外均无鳜类天然分布，但这些国家具有比我国广东省更为优越的光、热自然条件，很适合发展鳜的池塘养殖。据报道，东南亚国家已开始从我国广东引进鳜试养。

美国、加拿大等国家对温水鲈类的营养及饲料研究历史较长，对鳜人工饲料的研究表现出极大兴趣。Hardy（1986）曾到湖北省水产研究所直接参与鳜人工饲料的合作研究，Mathias 和 De Silva 于 1993 年和 1994 年先后两次到水利部中国科学院水库渔业研究所指导鳜人工饲料的研究工作。

三、发展前景

我国自 20 世纪 80 年代以来先后在不同地区开展了鳜人工养殖，并形成了一定的生产规模。但在实际生产中，高密度池塘养殖所带来的池塘自身污染和水体富营养化现象日趋严重，影响了鳜养殖产量和商品鱼质量。现行较多的鳜集约化精养模式也让养殖池塘的环境压力日趋加大，养殖户需要花费极大的精力维护养殖池塘的水质以及生态环境，稍有不慎就会造成极大的损失。在这种严峻的形势下，通过研究工业化养殖条件下精准投喂的饲喂系统、高密度养殖条件下鳜的摄食行为、饲料配方的完善、养殖环境参数的优化、换水量和循环水率的优化、养殖设施的优化设计等，制订相关技术标准与操作规程，使鳜可控养殖技术更加完善，实现鳜饲料高效健康养殖，推动鳜产业发展，是鳜可持续发展的必由之路。

第二章 鳜基本生物学特征

第一节 鳜主养品种及形态特征

一、鳜种类介绍

鳜俗称“桂鱼”“桂花鱼”“鳌花鱼”“季花鱼”等。鳜是东亚特有的淡水鱼类，仅天然分布于中国、俄罗斯、朝鲜、韩国、日本、越南6个国家。鳜分布的北界是黑龙江中游，南界是海南省北侧的南渡江，东界是日本本州岛西侧南部的福知州附近，西界为四川盆地西侧金沙江下游的屏山附近。鳜主要分布在中国，共有2属10种，目前分布在中国的10种鳜主要集中分布在长江以南，淮河以北仅有2种，台湾无鳜分布。由此可见，长江以南的华南区是鳜的分布中心。

目前，分布在中国的10种鳜是翘嘴鳜、大眼鳜、高体鳜、斑鳜、波纹鳜、麻鳜、暗鳜、长体鳜、白头氏少鳞鳜、刘氏少鳞鳜。其中，翘嘴鳜、大眼鳜和斑鳜分布较广，个体大，资源量较多，是作为食用鱼的经济种类，而其他的鳜种类，如高体鳜、长体鳜等由于分布区域狭窄，个体小、生长慢，渔业价值不大。以下列举了鳜类现存种类检索表：

1（8）眼后有3条放射纹，鳃盖后缘有一深色斑点

2（7）侧线鳞50以上

3（4）下鳃盖骨边缘无细的锯齿，臀鳍条 9 以下 ……………………………………………………………… 朝鲜少鳞鳜

4（3）下鳃盖骨边缘有细的锯齿，臀鳍条 10 以上

5（6）体长是体高的 2.6～3 倍，体长是眼间距 11.8～15.2 倍 ……………………………………………………… 白头氏少鳞鳜

6（5）体长是体高的 3.2～3.5 倍，体长是眼间距 17.9～21.7 倍 ………………………………………………………… 刘氏少鳞鳜

7（2）侧线鳞 50 以下……………………………… 日本少鳞鳜

8（1）眼后无 3 条放射纹，鳃盖后缘无深色斑点

9（20）从吻部穿眼达背鳍前方无一条斜带

10（19）尾鳍基部无一空心斑，体披斑点时斑点较小或为不规则的色块

11（18）体侧无浅色的水平波浪纹

12（13）下颌齿不发生分化，体色较暗，一般无斑点 … 暗鳜

13（12）下颌齿后侧内行变大，体褐色，一般有斑点

14（15）鳃耙退化为结节状，体长为体高的 3.8 倍以上 …… ………………………………………………………………… 长体鳜

15（14）鳃耙不退化为结节状，体长为体高的 3.5 倍以下

16（17）体披不规则的色块，背鳍棘一般为Ⅻ ……… 高体鳜

17（16）体披细小斑点，背鳍棘一般为ⅩⅢ …………… 麻鳜

18（11）体侧有浅色的水平波浪纹 ……………………… 波纹鳜

19（10）尾鳍基部有一空心斑，体披大的空心或实心斑点 … ……………………………………………………………………… 斑鳜

20（9）从吻部穿眼达背鳍前方有一条斜带

21（22）颊部有鳞，眼较小，幽门垂 100 以上 ……… 翘嘴鳜

22（21）颊部一般无鳞，眼较大，幽门垂 100 以下 … 大眼鳜

（一）少鳞鳜属

体侧扁，背缘呈弧形。上颌与下颌略相等或略突出。上颌、下颌、犁骨和颚骨密布细齿，无犬齿。犁骨齿带呈新月形或近三角

形。前翼骨上也有细齿丛。前后鼻孔间隔宽，距眼远。前鼻孔有瓣，明显或为痕迹状，后鼻孔小或不明显。前鳃盖骨后缘锯齿状，后角及下缘有细锯齿或弱棘。间鳃盖骨和下鳃盖骨下缘也有弱锯齿。体被圆鳞，较大；颊部、鳃盖和腹鳍之间的腹面具鳞。侧线完全，侧线鳞 33～82。鳃耙 7～16，长而发达。幽门垂 3，扁平，短指状。脊椎骨 28～34。

1. 刘氏少鳞鳜（*Coreoperca liui*）

刘氏少鳞鳜以我国著名鱼类学家、生态学家刘建康院士姓氏为种名“liui”。测量标本 19 尾，体长 82.0～117.4 毫米，采自浙江淳安。

背鳍条ⅩⅢ～ⅩⅣ-13～14，胸鳍条Ⅰ-13，腹鳍条Ⅰ-5，臀鳍条Ⅲ-10～11，鳃耙 7，脊椎骨 28～30。可量形状详细信息见表 2-1。

表 2-1 刘氏少鳞鳜和白头氏少鳞鳜形态学度量表

项目（毫米）	正模标本	刘氏少鳞鳜 副模标本（$n=18$）			白头氏少鳞鳜 副模标本（$n=61$）		
		范围	平均值	标准误	范围	平均值	标准误
体长	102.8	82.0～117.4	98.4	9.9	48.8～214.2	122.3	42.2
体高	30.3	28.3～31.9	30.5	1.0	33.5～39.1	35.1	1.6
头长	39.7	39.0～42.4	40.9	1.0	35.3～41.6	38.9	1.5
头高	22.2	21.2～25.3	23.4	1.2	23.3～28.3	25.3	1.1
吻长	12.5	12.2～15.8	13.1	1.1	10.2～16.2	12.4	1.2
头宽	13.2	12.0～14.6	13.6	0.7	11.0～19.6	15.2	1.7
眼径	7.5	6.8～9.8	8.1	0.9	5.9～9.5	7.2	0.9
眶间距	5.0	4.6～5.6	5.2	0.3	6.6～8.5	7.3	0.5
眼后头长	21.3	19.5～22.3	21.0	0.9	16.0～22.1	19.7	1.3
胸鳍前距	38.2	36.2～40.5	38.4	1.2	31.3～40.9	36.8	1.8
背鳍前距	43.3	41.4～46.8	43.7	1.6	39.2～46.8	42.4	1.6
腹鳍前距	40.7	39.7～44.5	41.7	1.4	34.9～47.5	41.5	1.9

（续）

项目（毫米）	正模标本	刘氏少鳞鳜 副模标本（$n=18$）			白头氏少鳞鳜 副模标本（$n=61$）		
		范围	平均值	标准误	范围	平均值	标准误
臀鳍前距	66.6	64.4～69.7	67.1	1.5	63.5～71.4	67.5	1.7
胸鳍长	16.7	15.5～19.8	17.6	1.0	14.7～20.5	17.0	1.4
胸腹距	6.2	5.2～7.8	6.7	0.7	6.5～10.2	8.3	0.8
背鳍长（分支鳍条）	21.8	19.8～25.6	22.3	1.7	21.0～26.7	23.4	1.6
腹鳍长	20.1	18.4～20.7	19.3	0.6	14.0～19.5	17.0	1.5
腹臀距	26.3	23.3～28.1	25.8	1.3	23.2～30.8	27.2	1.9
臀鳍长	27.2	25.2～29.3	27.4	1.2	25.1～30.9	28.0	1.8
尾柄长	20.5	16.2～21.2	18.9	1.5	11.6～18.3	14.9	1.7
尾柄高	10.0	9.1～11.7	10.5	0.6	9.4～13.7	11.3	1.0
尾鳍长	18.5	15.1～21.5	18.7	1.8	17.0～25.3	21.0	1.6

体延长，呈长圆形，侧扁，背缘略呈弧形。头中等大，头长与体高几乎相等。吻短，钝尖。口端位，口裂大，稍斜。上颌骨末端游离，显著宽大，后缘延伸至眼下，不达眼后缘。两颌等长，上下颌骨、犁骨和颚骨具绒毛状细齿。鼻部凹陷，前鼻孔较大，裂隙状，周缘有瓣膜隆起，后鼻孔甚小，为前鼻孔瓣膜所覆盖，不显见。眼中等大，位于头侧上方，离吻端较近。前鳃盖骨后缘及腹缘锯齿状棘弱小，无骨棘。鳃盖骨后端有 2 枚几乎等大的扁平棘，间鳃盖骨和下鳃盖骨边缘有锯齿。鳃盖条骨 7 枚。鳃裂大，鳃膜不与颊部相连。颊部和鳃盖骨及躯干部被小圆鳞。侧线完全，从鳃裂上角起沿背部轮廓向后延伸，在背鳍中部下行至体侧中央，然后延伸至尾鳍基部。侧线鳞 58～62，背鳍前鳞 14，围尾柄鳞 18～21。胸鳍圆形，起点位于鳃盖骨后缘下方。背鳍起点位于胸鳍起点之后，分为 2 部分。第 1 背鳍全为鳍棘，第 2 背鳍末端至尾鳍基部。臀鳍起点与背鳍第 11～12 根鳍棘基部相对，鳍棘粗壮。腹鳍胸位，鳍

棘长约为鳍条长的 1/2。肛门位于腹鳍末端至臀鳍起点的 1/2 处。尾鳍圆形。

鳃耙梳齿状，内侧具针状突起。幽门垂 3，不分支，扁平状。

固定标本体背棕褐色，腹部略浅。眼后有 3 条放射状黑色条纹，鳃盖后端有一黑色圆斑，圆斑外缘有白色环状围绕，鲜活鱼黑斑边缘为橘红色。体侧有不规则暗斑，后半部有 4 条完整的黑褐色横带。

图 2-1 刘氏少鳞鳜

多栖息于水质较清、水流较急的江河上游河段，以小鱼、小虾为食，分布于钱塘江水系（图 2-1）。

2. 白头氏少鳞鳜（*Coreoperca whiteheadi* Boulenger）

测量标本 61 尾，体长 48.8～214.2 毫米，采自广西河池，广东韶关，湖南怀化、麻阳。

背鳍条ⅩⅢ～ⅩⅣ-13～14，胸鳍条Ⅰ-13，腹鳍条Ⅰ-5，臀鳍条Ⅲ-10～12，鳃耙 7，脊椎骨 33～34，侧线鳞 58～67。可量性状详细信息见表 2-1。

体延长，呈长圆形，侧扁，背缘略呈弧形。头中等大，头长与体高几乎相等。吻短，钝尖。口端位，口裂大，稍斜。上颌骨末端游离，显著宽大，后缘延伸至眼下，不达眼后缘。两颌等长，上下颌骨、犁骨和腭骨具绒毛状细齿。鼻部凹陷，前鼻孔较大，裂隙状，周缘有瓣膜隆起，后鼻孔甚小，为前鼻孔瓣膜所覆盖，不显见。眼中等大，位于头侧上方，离吻端较近。前鳃盖骨后缘及腹缘锯齿状棘弱小，无骨棘。鳃盖骨后端有 2 枚几等大的扁平棘，间鳃盖骨和下鳃盖骨边缘有锯齿。鳃盖条骨 7 枚。鳃裂大，鳃膜不与颊部相连。颊部和鳃盖骨及躯干部被小圆鳞。侧线完全，从鳃裂上角起沿背部轮廓向后延伸，在背鳍中部下行至体侧中央，然后延伸至尾鳍基部。胸鳍圆形，起点位于鳃盖骨后缘下方。背鳍起点位于胸鳍起点之后，分为2部分，分别为第1背鳍全为鳍棘和第2背鳍末端至尾鳍基部。臀鳍起点与背鳍第11～12根鳍棘基部相对，鳍棘粗壮。腹鳍胸位，鳍棘长约为鳍条长的1/2。肛门位于腹鳍末端至臀鳍起点的1/2处。尾鳍圆形。

鳃耙梳齿状，内侧具针状突起。幽门垂3，不分支，扁平状（图2-2）。

图2-2 白头氏少鳞鳜

（二）鳜属（*Siniperca* Gill，1862）

体延长，侧扁。下颌一般长于上颌。上颌前端有稀疏犬齿，齿骨后部有犬齿1行，前后鼻孔靠近，居眼前方，前鼻孔具瓣膜，后鼻孔小。前鳃盖骨后缘有锯齿，后下角棘状。鳃盖骨后缘有2根棘，间鳃盖骨和下鳃盖骨下缘光滑或有弱锯齿。体被小圆鳞，颊部、鳃盖和腹鳍之前的腹面具鳞。侧线完全，侧线鳞56～142。鳃耙中长或退化。幽门垂4～360，指状。脊椎骨26～28。鳔1室，前部膨大，两角突出，向后渐小，后端尖或钝圆。

1. 长体鳜（*Siniperca roulei* Wu）

测量标本3尾，体长98～113毫米，采自湖南湘阴。

背鳍条ⅩⅢ～ⅩⅣ-10～11，胸鳍条Ⅰ-13，腹鳍条Ⅰ-5，臀鳍条Ⅲ-7～8，幽门垂6～7，脊椎骨27～28。

体长为体高的4.5～5.0倍，为头长的2.6～2.7倍，为尾柄长的6.5～7.4倍，为尾柄高的12.0～12.5倍。头长为吻长的3.8～4.2倍，为眼径的4.8～5.2倍，为眼间距的8.8～9.6倍。尾柄长为尾柄高的1.6～1.7倍。

体延长，近圆筒形。头部稍长，眼后背缘平直，头高与头宽几乎相等。口端位，上颌末端伸达眼中部下方。下颌稍尖，长于上颌。上下颌骨、犁骨和颚骨具有不规则的齿。上颌中央两侧和下颌齿较发达。前鳃盖骨后缘具细齿，下缘有棘 4 枚，间鳃盖骨和下鳃盖有细齿。鳃耙退化为结节状突起。体被小圆鳞，头部及腹鳍之前的腹部裸露。侧线完全。

背鳍分棘部和鳍条部，基部相连，起点位于胸鳍基稍后，第 2 背鳍末端不达尾鳍基部。胸鳍圆形，长度短于腹鳍。腹鳍胸位。臀鳍起点几与背鳍鳍条基部起点相对，第 2 棘粗壮。肛门位于臀鳍前方。尾鳍圆形。

固定标本背为黑色，散布诸多黑色斑点。腹部灰白。奇鳍有数列不规则的条纹。主要栖息于河流中上游岩洞或石缝中，性凶猛，肉食性，以小鱼、小虾、水生昆虫为食。数量稀少，被列为《中国内陆淡水鱼类红皮书》易危物种。主要分布于长江以南各水系（图 2 - 3）。

图 2 - 3 长体鳜

2. 暗鳜（*Siniperca obscura* Nichols）

测量标本 27 尾，76.5～103.6 毫米，采自湖南怀化。

体长为体高的 2.6～3.2 倍，为头长的 2.6～2.8 倍，为尾柄长的 5.4～6.2 倍，为尾柄高的 8.1～8.8 倍。头长为吻长的 3.0～3.5 倍，为眼径的 3.7～4.6 倍，为眼间距的 5.1～6.2 倍。尾柄长为尾柄高的 1.2～1.4 倍。

背鳍条ⅩⅢ - 11～12，胸鳍条Ⅰ - 14～15，腹鳍条Ⅰ - 5，臀鳍条Ⅲ - 8～9，幽门垂 9～10，脊椎骨 27～28，鳃耙 5～7。

体椭圆形，侧扁，背腹缘稍隆起。口大，端位，口裂略倾斜。上颌骨末端达眼中部，下颌等于或稍长于上颌。上下颌骨、犁骨和颚骨具有绒毛齿。前鳃盖骨后缘呈锯齿状，腹缘有 4 枚较大的骨棘。间鳃盖骨和下鳃盖粗糙。后鳃盖骨后缘有1～2个大棘。体被小圆鳞，颊部和鳃盖下部有鳞。侧线完全，侧线鳞63～71。

背鳍分棘部和鳍条部，基部相连，起点位于胸鳍基稍后，第2背鳍末端达尾鳍基部。胸鳍扇形，长度短于腹鳍。腹鳍胸位。臀鳍起点在背鳍第12鳍棘的前下方。肛门位于臀鳍前方，尾鳍圆形。

图2-4 暗 鳜

固定标本背为黑色，腹部灰白色。体侧有不规则黑斑。奇鳍有数列不规则的条纹。

生活在清澈的流水中，以小鱼、虾为食。分布于长江中上游和珠江水系（图2-4）。

3. 麻鳜［*Siniperca fortis*（Lin)］

无标本，描述依《珠江鱼类志》和《广西淡水鱼类志（第二版)》。

体长为体高的3.1～3.3倍，为头长的2.4～2.5倍，为尾柄长的6.4～6.9倍，为尾柄高的8.1～8.4倍。头长为吻长的3.0～3.1倍，为眼径的4.4～4.5倍，为眼间距的5.2～7.2倍。尾柄长为尾柄高的1.2～1.3倍。

背鳍条ⅩⅢ～ⅩⅢ-11～12，胸鳍条Ⅰ-13～14，腹鳍条Ⅰ-5，臀鳍条Ⅲ-7～8，幽门垂23～46，脊椎骨27～28，鳃耙4～5。

体椭圆形，侧扁，背腹缘稍隆起。口大，端位，口裂略倾斜。上颌骨末端达眼中部，下颌长于上颌。上下颌骨、犁骨和颚骨具有绒毛齿。下颌两侧和前颌骨缝合部后方有较大锥形齿。前鳃盖骨后缘锯齿8枚，腹缘有4枚较大的骨棘。间鳃盖骨和下鳃盖粗糙。后鳃盖骨后缘有1～2个大棘。体被小圆鳞，颊部和鳃盖下部有鳞。侧线完全，侧线鳞67～75。

背鳍分棘部和鳍条部，基部相连，起点位于胸鳍基稍后，第2背鳍末端达尾鳍基部。胸鳍扇形，长度短于腹鳍。腹鳍胸位。臀鳍起点在背鳍第13鳍棘的前下方。肛门位于臀鳍前方。尾鳍圆形。

固定标本背为黑色，腹部稍浅。侧线以下体侧密布小斑点，侧线以上间有不规则黑斑。奇鳍有数列不规则的条纹。

生活在底质为沙砾或者沙滩的水域中，以小鱼、虾为食。分布于贵州的都柳江、广西的柳江水系（图2-5）。

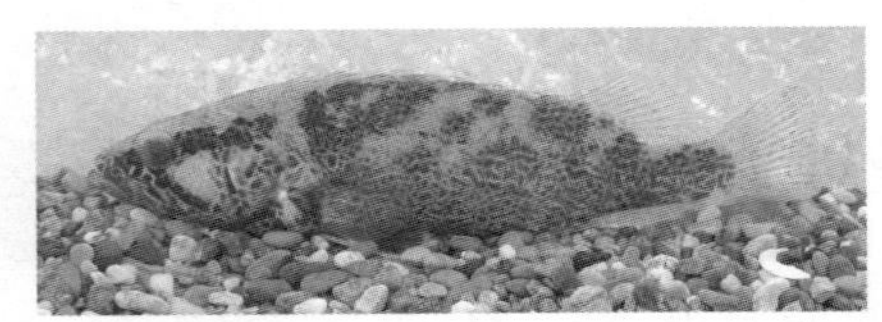

图2-5 麻 鳜

4. 波纹鳜（*Siniperca undulate* Fang et Chong）

测量标本9尾，体长35.72～73.52毫米，采自江西余干、浙江衢州。

体长为体高的2.5～2.9倍，为头长的2.5～2.7倍，为尾柄长的6.9～7.1倍，为尾柄高的8.5～8.9倍。头长为吻长的3.7～4.1倍，为眼径的4.6～4.9倍，为眼间距的5.8～7.1倍。尾柄长为尾柄高的1.1～1.3倍。

背鳍条ⅩⅢ-12，胸鳍条Ⅰ-13～14，腹鳍条Ⅰ-5，臀鳍条Ⅲ-9，脊椎骨27～28，幽门垂47～51，鳃耙6～7。

体稍侧扁，背部稍隆起呈弧形。口大，端位，口裂略倾斜。上颌骨末端达眼下方，下颌长于上颌。上下颌骨、犁骨和颚骨具有不规则的齿。上颌中央两侧和下颌齿较发达。前鳃盖骨后缘具细齿，间鳃盖骨和下鳃盖粗糙。后鳃盖骨后缘有1～2个大棘。体被小圆鳞，颊部和鳃盖下部有鳞。侧线完全，侧线鳞67～72。

背鳍分棘部和鳍条部，基部相连，起点位于胸鳍基稍后，第2背鳍末端达尾鳍基部。胸鳍圆形，长度短于腹鳍。腹鳍胸位。臀鳍起点几与背鳍鳍条基部起点相对，第2棘粗壮。肛门位于臀鳍前方。尾鳍近截形。

固定标本背为黑色，体侧斑点为细纹形成的网状结构，体侧有白色纵行波纹。腹部灰黑色。奇鳍有数列不规则的条纹。

生活在底质为沙砾或者沙滩的水域中，以小鱼、虾为食。分布于长江以南各水系（图 2-6）。

图 2-6 波纹鳜

5. 斑鳜（*Siniperca scherzeri* Steindachner）

测量标本 94 尾，体长 33.62～153.52 毫米，采自湖南常德、沅江，湖北崇阳、鹤峰，辽宁凤城。

体长为体高的 3.5～3.9 倍，为头长的 2.2～2.7 倍，为尾柄长的 6.9～7.7 倍，为尾柄高的 8.7～10.6 倍。头长为吻长的 3.2～4.5 倍，为眼径的 5.6～6.7 倍，为眼间距的 5.8～7.1 倍。尾柄长为尾柄高的 1.1～1.3 倍。

背鳍条ⅩⅡ～ⅩⅢ-12，胸鳍条Ⅰ-13～14，腹鳍条Ⅰ-5，臀鳍条Ⅲ-9～10，脊椎骨 26～28，幽门垂 65～124，鳃耙 4～5。

体稍侧扁，背部稍隆起呈弧形。口大，端位，口裂略倾斜。上颌骨末端达眼后缘，下颌长于上颌。上下颌骨、犁骨和颚骨具有不规则的齿。上颌中央两侧和下颌齿较发达。前鳃盖骨后缘具细齿，下缘有棘 4～5 枚，间鳃盖骨和下鳃盖粗糙。后鳃盖骨后缘有 1～2 个大棘。体被小圆鳞，颊部和鳃盖下部有鳞。侧线完全，侧线鳞 109～116。

背鳍分棘部和鳍条部，基部相连，起点位于胸鳍基稍后，第 2

背鳍末端达尾鳍基部。胸鳍圆形，长度短于腹鳍。腹鳍胸位。臀鳍起点几与背鳍鳍条基部起点相对，第2棘粗壮。肛门位于臀鳍前方。尾鳍圆形。

固定标本背为黑色，体侧散布豹纹状斑块以及暗黑色环状斑。腹部灰白。奇鳍有数列不规则的条纹。

图2-7 斑 鳜

生活在江河湖泊水体中下层，以小鱼、虾为食，典型的肉食性鱼类。广泛分布于中国东部江河（图2-7）。

6. 高体鳜（*Siniperca robusta* Kuang，Yong et Ni）

无标本，依原始描述。

体长为体高的2.9倍，为头长的2.6倍，为尾柄长的5.0～9.4倍。头长为吻长的3.4倍，为眼径的4.2倍，为眼间距的7.2倍。

背鳍条ⅩⅡ-12，胸鳍条Ⅰ-15，腹鳍条Ⅰ-5，臀鳍条Ⅱ-8，幽门垂32，鳃耙7。

体高而侧扁，背部弧形隆起，腹部较平直。吻尖，突出。眼大，上侧位，略突出于头背缘。口大，前位，斜裂。上颌骨末端伸达眼后缘下方，下颌长于上颌。上下颌骨、犁骨和颚骨具有不规则的齿。前鳃盖骨后、下缘具细齿，下缘有棘4～5枚，间鳃盖骨后缘具锯齿8枚。后鳃盖骨后缘有1～2个大棘。体被小圆鳞，颊部和鳃盖下部有鳞。侧线完全，侧线鳞105。

背鳍1个，鳍棘部和鳍条部相连，起点位于胸鳍起点稍后。胸鳍圆形，长度短于腹鳍。腹鳍起点位于胸鳍起点后下方，后端不伸达肛门。臀鳍起点位于背鳍最后鳍棘和第1鳍条之间下方。肛门位于臀鳍前方。尾鳍圆形。

固定标本棕褐色，两侧布满斑点或虫纹状斑块。自吻端穿过眼睛至背鳍前部有一斜行黑色条纹。奇鳍有数列不规则的条纹。

分布于海南南渡江水系（图 2-8）。

图 2-8　高体鳜

7. 大眼鳜（*Siniperca kneri* Garman）

测量标本 82 尾，体长 56.52～164.72 毫米，采自湖南常德、沅江，湖北崇阳，江西余干、赣州、星子，广西都安，广东河源。

体长为体高的 2.6～3.6 倍，为头长的 2.1～2.7 倍，为尾柄长的 5.0～9.4 倍，为尾柄高的 7.7～12.0 倍。头长为吻长的 3.2～4.5 倍，为眼径的 4.2～4.9 倍，为眼间距的 5.8～7.6 倍。尾柄长为尾柄高的 1.1～1.3 倍。

背鳍条ⅩⅡ-14～15，胸鳍条Ⅰ-14～15，腹鳍条Ⅰ-5，臀鳍条Ⅲ-9～12，脊椎骨 26～28，幽门垂 62～100，鳃耙 5～7。

体侧扁，背部隆起，背缘呈弧形，腹部下凸明显。口大，端位，口裂略倾斜。上颌骨末端达眼后缘，下颌长于上颌。上下颌骨、犁骨和颚骨具有不规则的齿。上颌中央两侧和下颌齿较发达。前鳃盖骨后缘具细齿，下缘有棘 4～5 枚，间鳃盖骨和下鳃盖较光滑。后鳃盖骨后缘有 1～2 个大棘。体被小圆鳞，颊部和鳃盖下部有鳞。侧线完全，侧线鳞 81～126。

背鳍分棘部和鳍条部，基部相连，起点位于胸鳍基稍后，第 2 背鳍末端不达尾鳍基部。胸鳍圆形，长度短于腹鳍。腹鳍胸位。臀鳍起点与背鳍鳍条基部起点相对，第 2 棘粗壮。肛门位于臀鳍前方。尾鳍圆形。

固定标本背为黑色，散布诸多黑色斑点。腹部灰白。自吻端穿过眼睛至背鳍前部有一斜行黑色条纹。奇鳍有数列不规则的条纹。

生活在静水或缓流的水体中，以小鱼、虾为食，典型的肉食性鱼类。分布于长江以南各水系（图 2-9）。

图 2-9 大眼鳜

8. 翘嘴鳜（*Siniperca chuatsi* Basilewsky）

测量标本 130 尾，体长 71.22～204.62 毫米，采自黑龙江牡丹江，湖南常德、沅陵，湖北赤壁，江西余干、赣州、星子。

体长为体高的 3.0～3.5 倍，为头长的 2.5～3.1 倍，为尾柄长的 7.6～10.4 倍，为尾柄高的 8.3～12.9 倍。头长为吻长的 4.4～5.5 倍，为眼径的 4.6～6.3 倍，为眼间距的 6.8～7.6 倍。尾柄长为尾柄高的 1.2～1.4 倍。

背鳍条ⅩⅡ-13～15，胸鳍条Ⅰ-14～16，腹鳍条Ⅰ-5，臀鳍条Ⅲ-9～11，脊椎骨 26～28，幽门垂 117～323，鳃耙 6～7。

体侧扁，背部隆起，背缘呈弧形，腹部下凸明显。口大，端位，口裂略倾斜。上颌骨末端不达眼后缘，下颌长于上颌。上下颌骨、犁骨和颚骨具有不规则的齿。上颌中央两侧和下颌齿较发达。前鳃盖骨后缘具细齿，下缘有棘 4～5 枚。肛门位于臀鳍前方，尾鳍圆形。鳃盖较光滑，后鳃盖骨后缘有 1～2 个大棘。体被小圆鳞，颊部和鳃盖下部有鳞。侧线完全，侧线鳞 117～130。背鳍分棘部和鳍条部，基部相连，起点位于胸鳍基稍后，第 2 背鳍末端不达尾鳍基部。胸鳍圆形，长度短于腹鳍。腹鳍胸位。臀鳍起点与背鳍鳍条基部起点相对，第 2 棘粗壮。

固定标本背为黑色，散布诸多黑色斑点。腹部灰白。自吻端穿过眼睛至背鳍前部有一斜行黑色条纹。奇鳍有数列不规则的条纹。

生活在静水或缓流的水中。以小鱼、虾为食，典型的肉食性鱼类。分布于黑龙江到长江各水系（图 2-10）。

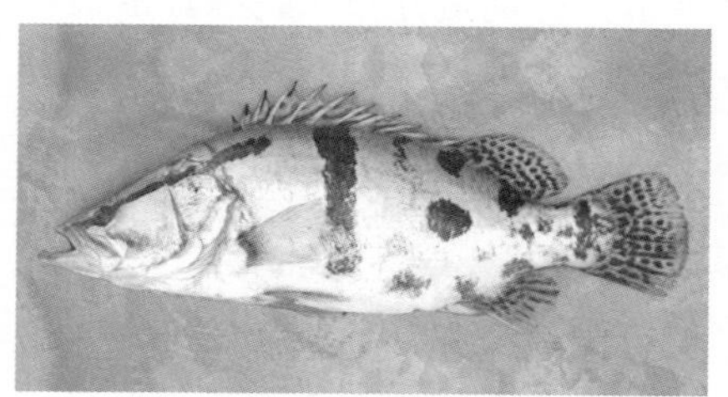

图 2-10 翘嘴鳜

二、目前鳜主养品种

根据目前国家渔业大数据显示，在鳜养殖产业中，主要以翘嘴鳜、斑鳜以及少量大眼鳜为主要养殖对象。翘嘴鳜和大眼鳜外形极为相似，区别在于：翘嘴鳜的鳃耙为 7，眼较小，头长为眼径的 5.3～8.1 倍，上颌骨伸达眼后缘之后的下方，侧线鳞 110～142，颊下部有鳞，幽门垂 198～440。大眼鳜的鳃耙 6，眼较大，头长为眼径的 4.7～5.1 倍，上颌骨仅伸达眼后缘之前的下方，侧线鳞 85～98，颊部不被鳞，幽门垂 74～98。翘嘴鳜生长速度快，个体大，常见为 2～2.5 千克，最大个体重可达 5.0 千克；大眼鳜生长缓慢，个体较小，最大个体能长至重 2 千克。斑鳜鳃耙 4，侧线鳞 104～124，幽门垂 45～33，头部具暗黑色的小圆斑，体侧有较多的环形斑。在江河、湖泊中都能生活，尤喜栖息于流水环境。个体不大，一般体长 100～300 毫米，产量不高。

翘嘴鳜、大眼鳜和斑鳜分布较广，个体大，资源量较多，是作为食用鱼的经济种类，而其他的鳜种类，如高体鳜、长体鳜等由于分布区域狭窄，个体小、生长慢，渔业价值不高。

翘嘴鳜仅分布于闽江及以北地区，长江中部资源最为丰富，是鳜类中生长最快、个体最大的种类。翘嘴鳜在珠江流域没有天然分布，珠江流域大眼鳜数量较多，但大眼鳜生长速度只有翘嘴鳜的 1/10，但相对其他鳜，仍具有一定商业价值。斑鳜虽然生长不快，但较易驯食冰鲜杂鱼，特别是分布于鸭绿江的斑鳜已有一定规模的商业养殖。

三、鳜形态特征总结概括

体高侧扁，头后背部隆起。口裂大，下颌稍突出。体高侧扁，头后背部隆起。口裂大，下颌稍突出。前鳃盖骨后缘呈锯齿状，后鳃盖骨后缘有 2 个棘。背鳍前部为棘，多数为 7 根；臀鳍棘 3 根。鳞细小。体色黄绿，腹部黄白，自吻端穿过眼眶至背鳍起点处有一块长的褐色条纹。背棘的第 6～7 根棘的下方有较宽的垂直带纹，体侧具不规则的褐色斑点及斑块。

1. 体型

鳜体呈纺锤形，体较高，略侧扁，背部隆起，腹缘浅弧形。头大，长而尖。口大，口裂略倾斜，下颌向上突出。上下颌均有排列极密的牙齿，其中上下颌前部的小齿扩大呈犬齿状。前鳃盖骨后缘呈锯齿状，有 4～5 个大棘，鳃盖发达，鳃盖膜宽大，吻尖，侧视呈锥形。鼻孔位于眼前缘，前鼻孔后缘有一鼻瓣，后鼻孔细狭。眼侧上位，较大，大于眼间距。口上位，略倾斜，下颌显著突出，口裂大，上颌骨后端超过眼中点垂直线，有的几乎达到眼后缘垂直下方。上下颌、犁骨、口盖骨上都有大小不等的尖齿，其中上下颌的齿扩大呈犬齿状。

2. 鳞和鳍

体披细小圆鳞，颊部及鳃盖也披鳞。侧线完全，由背侧向尾柄部呈半月状的弯曲。各鳍皆较大形，背鳍较长，分为前后两部分，前半部的鳍条为硬刺状 12 根，后半部为软鳍条 13～15 根；胸鳍靠近鳃孔，扇形；腹鳍起点在胸鳍下方，稍后；臀鳍起点靠近肛门，与背鳍鳍条部同形，几乎相对；尾鳍发达，后缘微圆。各鳍硬棘和鳍条数目：背鳍Ⅱ-13～14，臀鳍Ⅰ-8～9，胸鳍 13～16，腹鳍Ⅰ-5～6。

3. 体色

体色为褐色和棕色，背部为橄榄色，腹部灰白色，体侧分布着许多不规则的暗棕色斑点及斑块，通常自吻端穿过眼部至背鳍前下方有一条棕褐色或红褐色条纹。第6～7背鳍基下方通常有一条暗棕色的纵带，背鳍、臀鳍和尾鳍上有棕色斑点连成带状。

第二节 鳜养殖分布

一、不同区域养殖情况

我国鳜养殖区域主要为广东、湖北、安徽、江西、江苏、湖南、浙江、山东、四川等省份。随着鳜行业的迅猛发展，宁夏、新疆等地也开始发展鳜养殖行业。表2-2是2013—2018年各省鳜产量分布情况。

表2-2 2013—2018年各省份鳜产量分布（吨）

（引自《中国渔业统计年鉴2019》）

省份	2013	2014	2015	2016	2017	2018
北京	21	21	21	0	0	0
河北	0	3	4	9	10	36
内蒙古	0	0	0	2	15	16
辽宁	1 137	1 864	2 138	2 235	1 856	262
吉林	279	252	218	276	313	321
黑龙江	526	583	461	554	1 594	1 660
上海	91	60	106	25	23	25
江苏	28 338	27 973	28 164	28 167	26 994	29 516
浙江	12 518	12 508	13 791	12 487	11 050	11 086

（续）

省份	2013	2014	2015	2016	2017	2018
安徽	37 365	38 890	40 065	43 447	40 390	38 692
福建	1 558	1 587	1 899	1 961	1 538	1 767
江西	45 526	48 825	52 531	54 838	56 720	35 851
山东	3 113	2 697	2 810	2 749	2 338	2 499
河南	589	540	552	617	385	389
湖北	34 105	37 485	40 533	45 551	79 295	76 769
湖南	19 513	18 235	20 527	21 076	21 005	20 355
广东	94 106	96 179	88 897	86 959	88 321	92 363
广西	209	208	201	190	138	309
重庆	453	597	757	608	657	666
四川	4 633	4 545	3 269	2 626	2 174	2 121
贵州	54	117	616	39	65	76
云南	36	31	34	22	45	329
陕西	578	593	427	442	445	446
宁夏	0	60	31	33	2	2
新疆	32	0	5	16	210	350
总计	283 780	293 853	298 507	304 929	335 583	315 906

二、不同品种养殖现状

目前养殖的鳜品种有翘嘴鳜、斑鳜以及大眼鳜。鳜早在 20 世纪 50 年代就有养殖。目前，人工养殖的鳜主要以翘嘴鳜为主。在 20 世纪 70 年代，广东珠三角地区率先从国外引进鳜，人工繁殖和养殖技术迅速突破，并在 90 年代形成了专业化、规模化养殖格局。内陆地区鳜人工养殖稍晚于珠三角地区，但由于独特环境、气候、地理等优势，近些年，内陆鳜产业迎头赶上，并逐渐成为鳜主产区之一。到目前为止，已经发展了一套适合鳜养殖的养殖体系，从鳜鱼苗至成鱼都有科学的理论技术指导，但是在疾病防控方面存在许多不足。

近年来，由于种质退化表现明显，翘嘴鳜畸形率偏高，养殖成活率在60%～70%，且养殖期间病害频发。翘嘴鳜发病很难控制，甚至有些区域一发病就整片死亡，用药成本高，风险大。于是许多渔户养殖用的翘嘴鳜是经人工杂交得到的杂交鳜。养殖户们普遍反映，杂交鳜病害少，抗病力强，还具有耐运输、易捕捞的特点。

在生长速度方面，杂交鳜比斑鳜快，但比翘嘴鳜慢。据了解，由于养殖方法不同，有些养殖户表示速度要慢1个月。也有养殖户表示，翘嘴鳜喂养4～5个月即能达到1千克/尾，可以上市销售，而此时的杂交鳜才有0.5千克/尾。以父本斑鳜和母本翘嘴鳜选育的杂交鳜，在外形上与斑鳜更相似，体形相对矮胖些，色斑与斑鳜类似。杂交鳜的养殖周期为5～9个月，养殖周期短、风险小。据了解，杂交鳜目前还是投喂饵料鱼为主，饵料鱼的体长不能超过杂交鳜的2/3，饵料鱼以麦鲮、土鲮为主，冬天可喂白鲢。

鳜养殖模式主要以池塘养殖为主，养殖1亩鳜往往需配套养殖4～5亩的饵料鱼。这种养殖模式主要存在两个问题：一是高密度的养殖加上活饵料鱼的投喂，往往造成养殖水体负荷过重，导致氨氮等含量严重超标，长期在这种水体环境中生长的鳜免疫力低，疾病频发；二是饵料鱼的养殖更容易导致鳜疾病的发生。同时，有的饵料鱼也存在药物残留问题，通过生物富集作用转移到鳜体内，这也是造成产品质量问题的原因。

为了适应当前状况和符合养殖要求，结合现代化科技手段和管理模式，逐渐发展形成了池塘循环水养殖模式（IPA）和工厂化养殖模式。传统的养鱼池塘一般为混养模式，主养鱼和配养鱼均在池塘水层区自由游动，鱼类摄食活动和其他生命活动在整个池塘区域内进行，此模式养殖废物的收集不便，增氧机和微孔增氧很难达到均匀、不留死角。与之相比，IPA养殖模式具有以下优点：

（1）改变池塘养殖环境。通过集群养殖区增氧、过滤沉淀区排污、水质净化区水体环流发挥养殖动物的集群效应，避免拥挤效应，从根本上降低影响池塘水质恶化的因素，满足养殖鱼类的生态需求。

（2）减轻池塘污染过程。将污染后修复治理变为污染前积极预防，及时清除池塘颗粒有机物、鱼粪和残饵，减少鱼类粪便、残饵等在池塘水体中的停留时间和池底积累，从而减少分解过程及耗氧量，延长池塘使用寿命。

（3）降低能耗稳获高产。通过排出鱼粪、残饵，减少池塘总有机物负荷，从而降低溶解氧的总消耗量，为提高鱼载量创造了条件，为渔业发展节约了土地面积。在减少溶解氧消耗的同时降低了动力增氧的需求量，减少了能耗。集群养殖区便于观察和科学管理，如疾病的预防、治疗，捕捞工作的开展等，降低了人工成本。

（4）便于池塘综合利用。IPA 模式是池塘开放系统养殖与封闭的工厂化养殖有机结合的一种新模式，改变了对传统池塘大小、形状等的要求，可以有效地节约水资源，提高养殖水体的利用率，增加可养殖水域，对池塘养殖拓展有积极作用。

工厂化养殖作为一种高产、节水、省地、环保的新型养殖模式，近年来备受水产企业青睐。由于其节水、省地、不受环境和气候影响等优势，能常年连续生产，高产、高质、高效而不污染环境，以技术的进步解决了资源制约的问题，具有较大的发展潜力和空间。鳜是名贵鱼类，市场需求逐年上涨，随着鳜遗传育种和人工驯化的发展，工厂化养殖将成为鳜今后的主要发展模式。

第三节　鳜习性及饲料驯化

一、鳜摄食行为

鳜自开食起终生以活鱼虾为食。适口活饵料鱼的稳定供应成为鳜产业发展的关键制约因素，用人工饲料替代活鱼养鳜是产业健康可持续发展的必然选择。鳜主要依靠对运动敏感的弱光视觉和特有的侧线振动感觉来捕食活饵料鱼，同时口咽腔味蕾对食物味道和软硬度均非常敏感，而能够诱导一般养殖鱼类摄食饲料的化学感觉器官不能诱导鳜对食物的攻击反应，仅能在吞咽食物过程中发挥作用。鳜驯食涉及视觉、节律、食欲及学习记忆等关键信号通路。通过在晨昏弱光环境下训练鳜在水面抢食，使鳜在摄食前不再窥视跟踪，并利用死饵料鱼及人工饲料在落水瞬间的运动性来有效刺激鳜视觉和侧线振动感觉，同时利用促摄饵物质诱食和示范鱼带动，逐步从喂食活饵料鱼过渡到死饵料鱼及人工饲料，驯食成功率达到90％以上。

（一）鳜捕食行为

1. 鳜捕食行为属偷袭型

鳜在室内饲养和有隐蔽物的情况下，全天捕食，然而摄食强度在黄昏和凌晨时候最高。通常白天栖息于隐蔽物的阴暗处或者阴暗的角落，一旦发现猎物，则尽量利用水草、石块等作为掩蔽，缓慢游近猎物，同时调整身体方位和姿态，力求自身头尾与猎物头尾轴线处在同一直线或平面上。当它游近猎物后，尾部逐渐弯曲成S形，然后突然用力摆动尾部而疾速冲出攻击猎物。一般首先咬住猎物的头部，随后吞入猎物的整个身体。全部吞食时间同鳜与猎物的相对大小有关，一般为1～2秒。鳜一般在捕食地点即能顺利吞进食物，也有将较大猎物带回隐蔽处慢慢吞食的。每次捕食活动无论成功与否，之后均会迅速退回隐蔽处，重新等待捕食机会。在黄昏与凌晨光线较暗以后，即从白天的隐蔽处游出，不断缓慢地主动游近猎物进行攻击。攻击结束后也不游回原处即继续进行新的捕食活动。通过瞬间照明与微光照明观察其夜间的捕食行为，基本类似于黄昏与凌晨时的活动。为此可以说，鳜的捕食行为属典型的偷袭型，这与鳜的形态特征十分吻合。鳜不仅具有侧扁的体型，而且头部正上方还具有明显的“裂头”颜色构型，这非常有利于接近与迷惑猎物（图 2-11）。

图 2-11 鳜

2. 鳜摄食感觉原理

（1）鳜视网膜电图光谱敏感性和适应特性。视觉不仅在白昼摄食的中上层鱼类摄食行为中非常重要，而且一些主要在夜间摄食的鱼类也被证实利用视觉进行捕食。白昼摄食的中上层鱼类的视觉具有明视和暗视 2 种光感受系统，并具有色觉。但也有些中上层鱼类是色盲，现已发现色盲的中上层鱼类都是追逐型凶猛鱼类，而有色觉的鱼类则主要是温和鱼类。鳜是主要在夜间捕食的凶猛鱼类，其视觉已被证实可在捕食中起作用。不同于一般的白昼型中上层鱼类，鳜通过舍弃明视视觉和色觉，从而大大提高其光敏感性，使鳜的眼睛能在很低的光照度下起作用。鳜的这种视觉特性非常适应其捕食习性。鳜是主要在夜间捕食的底栖伏击型凶猛鱼类，其饵料鱼主要是浅水底层鱼类，如鮈、鲫、鳑鲏等，这些鱼类同一般的中上层鱼类一样，属白昼视觉类型。虽然这些饵料鱼的眼睛具有发达的色觉，但由于其光敏感性较差不能在夜间起作用，而它们银白色的身体却很容易在夜间与黑色背景形成反差。因此，鳜在夜间可以通过其发达的弱光视觉以突袭方式捕捉饵料鱼（图 2-12、图 2-13）。

图 2-12 常见的鳜饵料鱼（鲫）

图 2-13 常见的鳜饵料鱼（麦鲮）

鳜视觉对不同猎物运动和形状的反应存在差别，鳜视觉对活饵料鱼非常敏感，跟踪行为和攻击行为出现率均为 100%，对不同体高的饵料鱼（麦穗鱼、鲫和鳑鲏）未见有种类选择性。鳜视觉对活虾反应较强，跟踪行为出现率为 94.8%，但很少攻击活虾，一般都在跟踪活虾游动一段距离接近活虾后放弃攻击而游回洞穴，攻击行为出现率仅为 4.3%。鳜视觉对活蜻蜓幼虫反应不强，跟踪行为出现率为 43.3%，未发现鳜利用视觉攻击活蜻蜓幼虫。鳜视觉对死饵料生物均无反应（表 2-3）。

表 2-3 鳜鱼视觉对活饵料生物的摄食反应

项目	麦穗鱼	鲫	鳑鲏	虾	蜻蜓幼虫
攻击行为出现率	1.0 ± 0^{a}	1.0 ± 0^{a}	1.0 ± 0^{a}	0.043 ± 0.038^{b}	0 ± 0^{c}
跟踪行为出现率	1.0 ± 0^{a}	1.0 ± 0^{a}	1.0 ± 0^{a}	0.948 ± 0.0098^{a}	0.43 ± 0.054^{b}

注：① 各种饵料生物均为 3.5～4 厘米长，鳜全长 12～15 厘米。

② 鳜饥饿 1 天。

③ 行为出现率＝出现某种行为的次数/试验次数，测定时间为 2 分钟，每次测定重复 10 次，每次测定用 12 尾鳜。

④ 上标字母相同表示差异不显著（$P>0.05$），上标字母不同表示差异显著（$P\leq 0.05$）。

鳜视觉对不同运动特征的模拟猎物的捕食反应有所差异，对静止饵料鱼不敏感而仅对运动饵料鱼有反应。当饵料鱼运动速度较低时，鳜对连续运动和等间歇不连续运动的饵料鱼都进行跟踪和攻击，且对二者的跟踪率和攻击率相等。随着饵料鱼运动速度加快，鳜虽然对连续运动饵料鱼的跟踪率增大，但攻击率降低，而对等间歇不连续运动饵料鱼的跟踪率和攻击率均随饵料鱼运动速度增快而增大。当饵料鱼运动速度为 20 厘米/秒时，鳜对连续运动饵料鱼仅有最强的跟踪反应而无攻击反应，而对等间歇不连续运动饵料鱼则有最大的跟踪率和攻击率（表 2－4）。

表 2－4　鳜视觉对猎物运动特性的捕食反应

模拟猎物运动速度(厘米/秒)	0	2		5		10		20	
模拟猎物运动方式	静止	连续	间歇	连续	间歇	连续	间歇	连续	间歇
攻击率［次/(尾·分)］	0±0[a]	0.44±0.34[b]	0.49±0.036[b]	0.12±0.017[c]	0.59±0.045[d]	0.003 2±0.013[a]	0.83±0.046[e]	0±0[a]	0.95±0.049[f]
跟踪率［次/(尾·分)］	0±0[a]	0.44±0.34[b]	0.49±0.036[b]	0.55±0.043[c]	0.59±0.045[d]	0.89±0.030[d]	0.83±0.046[e]	0.96±0 031[e]	0.95±0.049[e]

注：① 间歇为 0.9 秒等间歇。

② 模拟猎物为急性处死的麦穗鱼。

③ 鳜饥饿 1 天。

④ 攻击率（跟踪率）＝攻击次数（跟踪次数）/(测定时间·鳜尾数)。测定时间为 2 分钟，每次测定用 12 尾鳜。

⑤ 上标字母相同表示差异不显著（$P>0.05$），上标字母不同表示差异显著（$P\leqslant 0.05$）。

鳜视觉对猎物的运动非常敏感，对其形状也有一定的识别能力。猎物的运动决定鳜对猎物的远距离跟踪反应，猎物的形状则进一步决定鳜对猎物的近距离跟踪反应和攻击反应。用不同形状特征模拟猎物观察鳜捕食反应，发现鳜对 b、c 和 d 形状模拟猎物均有较强的跟踪反应，但在跟踪一段距离接近模拟猎物后均放弃攻击而游回洞穴。鳜对 a、e 和 f 形状模拟猎物均有很强的跟踪反应和攻击反应，且跟踪率和攻击率依次增大。即鳜利用视觉主要捕食水平方向长而垂直方向短的模拟猎物，且以两端尖圆的梭形效果最佳，而对水平方向短而垂直方向长及水平方向与垂直方向等长的模拟猎物则不予捕食。模拟猎物的精细形状特征（如眼点）对鳜捕食也有一定作用，但并不是决定性的（表 2－5）。

表 2－5　鳜视觉对猎物形状的捕食反应

模拟猎物形状	a	b	c	d	e	f
攻击率[次/(尾·分)]	0.18±0.012^{a}	0±0^{b}	0±0^{b}	0±0^{b}	0.45±0.035^{c}	0.67±0.059^{d}
跟踪率[次/(尾·分)]	0.50±0.043^{a}	0.24±0.022^{b}	0.25±0.026^{b}	0.25±0.023^{b}	0.70±0.069^{c}	0.90±0.087^{d}

注：① 模拟猎物由银白色吹塑纸制成，以 5 厘米/秒做等间歇不连续运动。

②不同形状的模拟猎物均按同一比例绘制，最大线度（长度或直径）为 2.5 厘米。

③ 鳜饥饿 1 天。

④ 测定时间为 2 分钟，每次测定用 12 尾鳜。

⑤ 上标字母相同表示差异不显著（$P>0.05$），上标字母不同表示差异显著（$P\leqslant 0.05$）。

饵料鱼一般都具有很强的运动能力和逃避捕食能力，鳜只有对饵料鱼运动非常敏感才能及时发现和捕捉逃避捕食的饵料鱼，因此对饵料鱼运动特征的识别是决定鳜捕食成败的关键。饵料鱼逃避捕食的反应促使运动的饵料鱼同静止而复杂的环境背景完全区分开来，因而当鳜附近存在潜在饵料鱼时，饵料鱼逃避捕食反应的运动即成为鳜的捕食信号。鳜主要捕食快速不连续运动的饵料鱼而不攻击快速连续运动的饵料鱼，这主要是因为鳜的持续游泳能力不强，不能以追逐方式捕捉始终处于惊恐之中快速逃避捕食而连续运动的饵料鱼。鳜仅能在饵料鱼的惊恐状态减轻或完全消失后处于静止状态时，才容易慢慢游近饵料鱼，然后以突袭方式捕捉。

饵料鱼具有与水中其他大小相近的饵料生物明显不同的梭状体型特征，较大的个体以及在微光环境中与环境背景形成鲜明反差的银白体色，因而鳜视觉对饵料鱼形状特征的识别并不需要很高的视敏度，而且由于这种识别是在很近的距离进行的，所以在很低的光照度下也可能完成。

活饵料鱼具有很强的运动特征和梭形形状特征，活虾具有较强的运动特征而不具有梭形形状特征，活蜻蜓幼虫不具有强的运动特征和梭形形状特征。因此，鳜利用视觉对活饵料鱼有最强的跟踪反应和攻击反应，对活虾有较强的跟踪反应而几乎没有攻击反应，对活蜻蜓幼虫仅有较弱的跟踪反应而完全没有攻击反应。

（2）鳜侧线管结构和行为反应特性及其对捕食习性的适应。侧线是鱼类和水生两栖类特有的振动感受器官。对于一些主要在弱光环境中捕食活动性饵料的鱼类，由于视觉受到很大限制，侧线在捕食活动中往往具有较大的作用。

鳜是夜行性底栖凶猛鱼类，喜藏匿于水底洼穴、岩洞或草丛中，游泳能力不强，主要采用偷袭方式捕食活动猎物。通过特定感官消除或抑制与单一感官刺激方法研究鳜捕食行为中几种相关感觉的作用及其相互关系，研究发现，鳜侧线在捕食中有重要作用，并确定其侧线仅在视觉受到限制时才能发挥作用。由于鳜极少利用视觉攻击隔玻璃板的虾，而盲鳜即使在同时存在饵料鱼和虾时也利用侧线摄食虾，因而可以根据鳜摄食虾的数量判断在特定条件下视觉和侧线在鳜摄食中相对作用的大小。在室内饲养条件下，当同时喂以饵料鱼和虾时，鳜仅捕食饵料鱼而不捕食虾；当不存在饵料鱼而只有虾时，鳜在非常饥饿的情况下才偶尔摄食少量虾。梁子湖鳜食性调查结果表明，虽然梁子湖饵料鱼资源丰富，但同一体长组的鳜（9.5～16 厘米）主要摄食虾（占食物出现率的 83.3%）而较少摄食饵料鱼（占食物出现率的 16.7%）。因此，可以认为，鳜在天然水域中捕食时视觉受到很大限制，侧线在捕食中起主要作用。在室内饲养条件下，由于水体较小，饵料鱼逃避捕食的能力降低，可能使鳜在视觉不受限制的较高光照度下即能完全

利用视觉成功捕食饵料鱼，从而人为地加大了视觉在鳜捕食中的作用。

鳜侧线管系统结构功能特性与其捕食习性是非常适应的。鳜口上位，攻击前上方的猎物。鳜眶上管和眶下管为灵敏的第一类侧线管，且对前上方的振动刺激可诱导产生很强的攻击行为反应，这很适合鳜依靠侧线对猎物进行识别、定位和攻击。鳜前鳃盖下颌管、躯干部侧线管等其他侧线管，均为灵敏性较差的第二类侧线管，且对振动刺激仅能诱导产生警戒行为反应，这可保证鳜夜间贴底游动觅食时不会触碰底泥，而在岩石间穿行时，特别是沿障碍物曲线倒退回洞穴时也不会碰撞岩壁，这与鱼类集群行为中侧线避免个体间相互碰撞一样。由于鱼类侧线仅对近声场起反应而不同于内耳，作用距离很短，上述行为反应也证实了这一点，因而鳜只有通过身体不同部位侧线管的特异分化来满足其摄食习性的要求（图 2 - 14、图 2 - 15）。

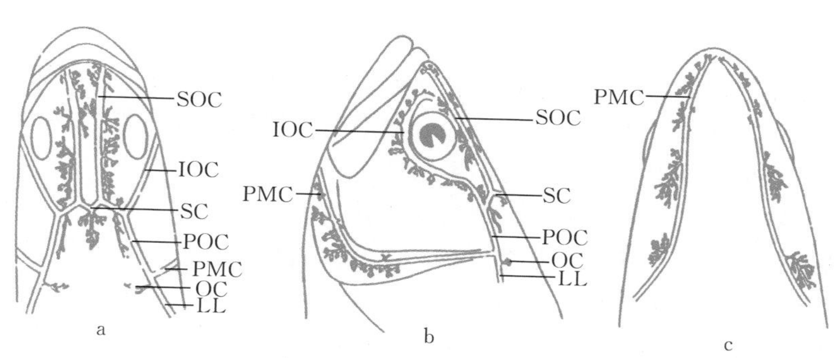

图 2 - 14 鳜侧线管系统

a. 背面观 b. 侧面观 c. 腹面观

SOC. 眶上管 IOC. 眶下管 PMC. 前鳃盖下颌管

SC. 眶上连管 POC. 眼后管 OC. 横枕管 LL. 躯干部侧线管

（3）鳜口咽腔味蕾和行为反应特性及其对捕食习性的适应。味蕾是鱼类重要的化学感觉器官，在其摄食活动中起很大的作用。鳜口咽腔宽阔，口裂大，除具有前颌骨齿、下颌齿、犁齿、腭齿、上

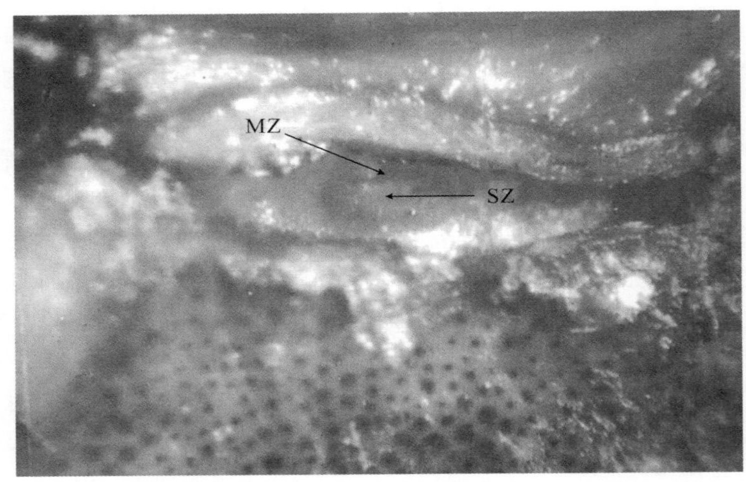

图 2-15　鳜侧线管神经丘

SZ. 感觉区　MZ. 外套区

咽齿和下咽齿外，口咽腔骨骼表面均有成行排列的锥形小齿，如下鳃骨上的细齿。味蕾比较广泛地分布于鳜口咽腔表面，主要集中于齿间及齿相邻上皮中，舌表面也很丰富。

鳜仅吞咽摄入口咽腔的鲜饵料鱼并吐出臭饵料鱼，鳜口咽腔味蕾对食物味道和软硬均非常敏感，仅吞食同时具有一定味道和软硬度的食物。由于鳜觅食场所一般生境复杂，很容易将环境中的其他物体误摄入口中，因此鳜口咽腔对猎物进行最后识别是非常必要的。鳜口裂大、口咽腔宽阔、鳃耙稀疏，适于吞咽个体较大的食物。这样，鳜口咽腔灵敏的触觉对于识别摄入口咽腔的大个体食物无疑与味觉一样具有重要作用。鳜口咽腔味蕾几乎都是同时对化学刺激和机械刺激敏感的Ⅰ型或Ⅱ型味蕾，且主要集中于口腔齿间及相邻突起部位而咽区较少，非常适于鳜咬住猎物时同时利用味觉和触觉进行识别，以弥补鳜攻击猎物时识别的非高精确性，从而有效地避免鳜误食猎物以外的其他物体（图 2-16）。

图 2-16 鳜（左）和草鱼（右）摄食的感觉神经机制的差异

二、鳜饵料类型

鱼类食物识别与其感觉器官发育、消化道以及活动能力等相关联，通过给予并逐渐强化鱼类对其感觉器官易于感受的食物信号的联想学习，可驱使鱼类接受摄食人工饲料，甚至还有可能至少在理论上使鱼类对人工饲料的喜食性超过其天然饵料。

1. 鳜活饵料鱼喂养

目前，活饵料鱼养殖是鳜的主要养殖方式，占鳜养殖总量的85％以上，包括池塘精养和套养。

2. 鳜鲜饲料投喂

鳜鲜饲料喂养是近 10 年逐步发展起来的养殖方式，需经过人工驯化过程，鲜饲料包括新鲜野杂鱼和冰冻海淡水杂鱼。

3. 鳜冰鲜饲料投喂

随着养殖技术进步，以及水产养殖者不断尝试，在鲜饲料养殖基础上，开始鳜饲料驯化，以鲜饲料和饲料结合的方式完成鳜全程养殖。

4. 鳜全程饲料养殖

近年来，在笔者团队和其他单位共同努力下，鳜一定规模范围内可进行全程饲料养殖，且养殖成功案例越来越多。

第四节　鳜新品种生物学特征

鳜种苗繁育主要基于传统的生殖操作，由于缺乏对亲本的种质改良，导致亲本个体间的亲缘关系非常近，过度近交导致种质退化，鳜生长性能、抗逆抗病性能受到影响。据统计，目前养殖普通鳜个体的生长性状平均下降 20%～30%，抗逆性差，养殖平均成活率仅 60%左右。由于鳜的养殖主要依赖活饵料鱼饲喂，饵料系数高，及近 3∶1 饵料鱼与鳜的养殖配套面积，使得鳜产业发展对活饵料鱼的依存度非常高，养殖成本不断提高，造成生物和土地资源不能高效利用。与翘嘴鳜相比，斑鳜经驯食后可食冰鲜鱼，无须常年供应活饵料鱼，生产成本降低，抗病力强，但斑鳜原种在养殖条件下生长速度慢、养殖周期长，滞阻了其在养殖产业中的发展，无法满足市场的需求。因此，鳜新品种的育种和推广应用对于鳜产业发展十分必要。近年来，鳜新品种育种工作也取得了令人瞩目的成就。

一、已审定鳜新品种

1. 翘嘴鳜“华康 1 号”（品种登记号：S-01-001-2014）

2005 年，从江西鄱阳湖、湖南洞庭湖和湖北长江中游挑选体型标准、健康无病、体重大于 0.75 千克的野生翘嘴鳜 1 800 尾（雌雄各半），构建基础群体，保存在广东省清远市清新县宇顺农牧渔业科技服务有限公司养殖基地。2005—2006 年，对 1 800 尾翘嘴鳜基础群体进行亲本培育。2006—2010 年，以生长速度为选育指标，在广东省清远市清新县宇顺农牧渔业科技服务有限公司养殖基地，采用群体选育法进行选育。每代试验鱼在 10 厘米左右时进行初选，至 500 克/尾左右选留生长快、体型好、规格齐整的健壮个体，每代总选择强度为 5%左右。至 2010 年，获得的第 5 代，命名为翘嘴鳜“华康 1 号”。

翘嘴鳜“华康 1 号”生长速度快，个体间差异小，历年的小试和中试结果表明，在同等养殖条件下翘嘴鳜“华康 1 号”比普通养殖翘嘴鳜生长速度提高了 18.54%以上。经过 5 个连续世代选育，翘嘴鳜“华康 1 号”依然保持较高的遗传多样性，4 个种间特异位点检测结果表明，翘嘴鳜“华康 1 号”剔除了天然杂交渐渗产生的大眼鳜遗传物质，从而在遗传组成上得到了纯化。

翘嘴鳜“华康 1 号”养殖技术要点与普通翘嘴鳜养殖技术基本一致，需特别注意的是，①同塘放养的鱼苗应是同一批次孵化的鱼苗，以保证鱼苗规格比较整齐；②培苗过程中应及时拉网分筛、分级饲养，特别是南方地区，放苗密度高，需要过筛的次数也多；③定时、定量投喂，保证供给足够的饵料，以保证全部鱼苗均能饱食，均匀生长，减少自相残杀，提高成活率；④高密度的成鱼池塘养殖需配备增氧机，应采用分批上市、捕大留小，以提高养殖效益；⑤与其他品种混养，放养时的主养品种规格要大于翘嘴鳜规格 3 倍以上（图 2－17、图 2－18）。

图 2－17　翘嘴鳜“华康 1 号”（GS－01－001－2014）

水产新品种　(2015)新品种证字第 1 号

证书

新品种名称：翘嘴鳜“华康1号”　　品种登记号：GS-01-001-2014

培育单位：华中农业大学、通威股份有限公司、广东清远宇顺农牧渔业科技服务有限公司

该品种业经审定，根据农业部《水产原、良种审定办法》，特发此证。

全国水产原种和良种审定委员会

二〇一五年三月[illegible]日

图 2－18　翘嘴鳜“华康1号”（GS－01－001－2014）新品种证书

2. 长珠杂交鳜（品种登记号：GS－02－003－2016）

以从洞庭湖采捕并经4代群体选育的翘嘴鳜雌体为母本，以从珠江采捕并经2代群体选育的斑鳜雄体为父本，杂交获得的 F_1 代。兼具似父本（斑鳜）体型、体色、品质优良及母本（翘嘴鳜）生长快等优良性状，达到明显地提高杂交斑鳜的生长性能，降低饵料系数（较斑鳜），缩短养殖周期的效果，为养殖斑鳜提供优良品种。其生长快、抗逆性强，在同等养殖条件下，7月龄的长珠杂交鳜成活率比母本翘嘴鳜平均提高20%，平均体重是父本斑鳜的3.2倍。适宜在我国珠江及长江流域人工可控的淡水水体中养殖。

长珠杂交鳜，体高而侧扁，呈纺锤状，背隆起，较翘嘴鳜细长而较斑鳜粗短；头大，长而尖。口大，口裂略倾斜，下颌向上突出。上下颌均有排列极密的牙齿，其中前部的小齿扩大呈犬齿状。背部橄榄色，腹部灰白色，体色较斑鳜浅而较翘嘴鳜深；体侧具继承于斑鳜的黑斑而排列不整齐。各奇鳍上均有暗棕色的斑点连成带状。鳔1室，腹膜白色（图 2－19）。

图 2 - 19　长珠杂交鳜（GS - 02 - 003 - 2016）

3. 秋浦杂交斑鳜（品种登记号：GS - 02 - 005 - 2014）

秋浦杂交斑鳜是由安徽省池州市秋浦特种水产开发有限公司与上海海洋大学合作完成。以多年收集、培育的长江秋浦河流域鳜、斑鳜为基础群体，筛选体型标准、生长快、健康的亲本个体保种进行配组繁殖，以秋浦斑鳜为母本、秋浦花鳜为父本杂交后获得的秋浦杂交斑鳜。此品种成活率高，抗病性强，生长速度快，可摄食冰鲜鱼，饵料系数低，耐低氧、易运输，且商品鱼售价高，适宜在网箱、池塘等水体中养殖推广（图 2 - 20）。

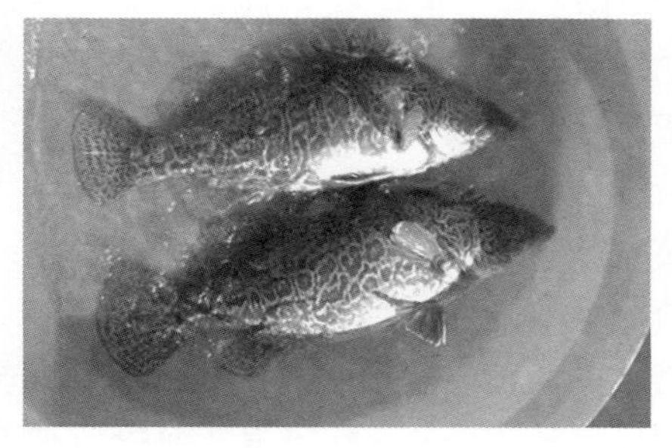

图 2 - 20　秋浦杂交斑鳜（GS - 02 - 005 - 2014）

秋浦杂交斑鳜外形与斑鳜接近，但生长速度比斑鳜显著增快，较斑鳜快 2.6 倍以上，养殖周期缩短，饵料系数也较斑鳜降低，生产成本减低，利润增加，经济效益十分明显，市场欢迎度和售价高。2011—2013 年，分别在安徽省池州市、黄山市、太湖县，江西省贵溪市，浙江省淳安县，广东省清远市，吉林省梅口市等地进行中试与示范养殖，试验证明，秋浦杂交斑鳜苗种成活率平均较斑鳜提高 2%～3%。在长江流域，无论是池塘养殖，还是网箱养殖，当年苗种经过 6 个月养殖，平均规格为400克左右，为当地斑鳜养殖规格2.6～3.3倍，饵料系数为5.3～6.0，比斑鳜（6.5～7.4）低15.8%～19.2%。

二、正在申报的鳜新品种

正在申报的鳜新品种为易驯鳜“华康2号”。易驯鳜“华康2号”饲料驯化率高且生长速度较快，个体间差异较小。历年的小试和中试结果表明，在同等养殖条件下易驯鳜“华康2号”与自交前的杂交鳜对比，其生长速度在累代增加，第5代增长82.37%，与翘嘴鳜比较，饲料驯化率提高11.86%以上。经过5个连续世代选育，易驯鳜“华康2号”依然保持较高的饲料驯化率，生长速度逐步趋近翘嘴鳜。易驯鳜“华康2号”饲料驯化率高且生长速度较快，个体间差异较小，与自交前的杂交鳜对比显示第5代增长82.37%，与翘嘴鳜比较显示饲料驯化率提高11.86%以上，经过5个连续世代选育，易驯鳜“华康2号”依然保持较高的饲料驯化率，生长速度逐步趋近翘嘴鳜（图2-21）。

图2-21 易驯鳜“华康2号”

易驯鳜“华康2号”养殖技术要点包括：①同塘放养的鱼苗应是同一批次孵化的鱼苗，培苗过程中应及时拉网分筛、分级饲养，以保证鱼苗规格比较整齐；②6厘米之前鳜苗种养殖期间，在池塘中散养，定时、定量投喂，保证供给足够的饵料，以保证全部鱼苗均能饱食，均匀生长，减少自相残杀，提高成活率；③6厘米之后开始驯化，建议在网箱中进行，遵守循序渐进的驯化步骤和方法，选择适口且营养均衡的饲料；④高密度的成鱼池塘养殖需配备增氧机，应采用分批上市，捕大留小，提高养殖效益。

第一节　鳜苗种培育及开口饵料技术

一、苗种培育操作方法及规范

鳜苗培育是指把即将开口摄食的鳜仔鱼分阶段养成3.3厘米的夏花鱼种。近10年来，鳜苗种培育技术不断得到改进和提高，培育方式方法也多种多样，由最初的池塘培育到人工控制条件下的工厂化育苗。其中，比较经济实用的培育方式有孵化环道育苗、孵化缸育苗、孵化桶育苗、网箱育苗、水泥池育苗、土池育苗（图3-1）

图3-1　育苗土池

等。生产上常将2种或3种方式结合起来，进行鳜苗种的培育。具体采用哪种方式育苗，要因地制宜。

现将鳜养殖专业户普遍采用的土池育苗方法中对鱼池要求进行简要介绍：

1. 育苗池条件

（1）面积。用于鳜鱼苗培育的池塘，面积宜小不宜大，一般要求在1.5亩以内，水深0.5～1.0米，底质硬，淤泥少。

（2）沉水植物。除池心（深水区）外，要求池边（浅水区）都生长着沉水植物（鸭舌草、眼子菜、金鱼藻、轮叶黑藻等）。这些沉水植物可为鳜鱼苗提供隐蔽场所，同时能消耗池底淤泥中的肥料使池水变得清瘦。对于浮叶植物（菱角、芡实、睡莲、水鳖草等），凡是能盖满水面的水草，都要彻底铲除。因为浮叶植物大量生长后，将会盖满水面，造成鳜缺氧死亡。

（3）水质。要求水质清新、无污染，透明度高，清澈见底。这样便于沉水植物采光，进行光合作用，增加水中溶解氧，满足鳜鱼苗对溶解氧的需求。另外，要求酸碱度为中性或微偏碱性。

（4）排灌、拦鱼设备。要求进、排水的机械设备配套齐全，可随时进、排水；进、排水沟渠畅通无阻和沟渠的拦鱼设备齐全。

（5）清塘。培育鳜鱼苗的池塘，要求预先用生石灰彻底清塘。每亩投入生石灰50千克以上，如果带水清塘，则每亩须用生石灰150千克以上。如果财力允许，培育鳜苗的池塘用生石灰带水清塘为宜，这样可以杀死水体中的细菌、寄生虫、水生昆虫、椎实螺，以及蝌蚪和鱼、虾，起到彻底清塘的作用。具体操作为将生石灰盛入箩筐中，悬于船边，沉入水中，划动小船，在池中缓行，同时摇动箩筐，使石灰浆散入水中（图3-2）。

（6）培育饵料鱼。清塘7天以后，在池塘中培育出大小适宜的饵料鱼苗。鳜饵料鱼苗的培育方法不同于常规的养殖方法，主要区别有不施基肥，以免水质过肥，影响鳜苗的成活率；饵料鱼苗的放养密度要超出常规养殖6～8倍，一般是每亩投放饵料鱼苗100万尾以上。饵料鱼苗的食物主要是人工投喂饲料。

图 3-2 土池清塘

(7) 常年提供微流水。因为鳜鱼苗需氧量高，所以要求采取微流水养鱼的方法。要求鳜鱼苗池长年不断微流水，并且要求有流水养鱼的配套设施——即在进水闸口和出水闸口都有 50～60 目的拦鱼设备。而如果采用静水养鱼法，则必须经常换水，一旦发现水质变肥，马上就要排出老水，换进新水，在新水冲进时可激起浪花，增加溶解氧。

(8) 配备增氧机。土池培育鳜鱼苗的方法中，因为池中放养鳜鱼苗和大量饵料鱼苗，耗氧量大，所以池水中要含有很高的溶解氧才能满足池鱼需要，白天有沉水植物进行光合作用放出氧气供给池鱼需要，而晚上很容易发生缺氧泛塘事件，尤其是在天气闷热时，泛塘事件必定发生。所以，为了避免发生泛塘，保障养鱼需要的溶解氧，必须安装 1 台或 2 台增氧机。

2. 放养规格与密度

(1) 放养规格。放养于池中的鳜鱼苗，应是在孵化环道或孵化缸或孵化桶内开食并至少培育 5～8 天的鳜鱼苗，此时鳜鱼苗全长 1.25 厘米左右，其消化器官已完全具备成鱼的构造与机能。

如放养规格太小，则成活率很低，有时甚至全部死亡（图 3－3 至图 3－6）。

图 3－3　鳜鱼苗孵化环道（1）

图 3－4　鳜鱼苗孵化环道（2）

图 3-5 鳜鱼苗孵化桶

图 3-6 鳜鱼苗孵化缸

(2) 放养密度。鳜鱼苗的放养密度，应视池塘条件及饵料鱼苗供应的具体情况而定。一般放养于池塘的鳜鱼苗密度为每亩投放 0.5 万～1 万尾。鳜鱼苗入池之前，应使用 2%的食盐水浸泡鳜鱼苗约 10 分钟。

3. 日常管理

（1）改善水质。鳜鱼苗入池后，要常加入少量新水改善水质，防止水质恶化后引起鱼病发生。有微流水的池塘也要注意水质，谨防水质恶化，除经常保持微流水外，还需每间隔一段时间加大一次流量，以达到调节水质和增氧的目的。

（2）补充饵料。随着鳜鱼苗的摄食和生长，鳜鱼苗和饵料鱼苗之间的相对数量和相对规格都不断地发生改变。在鳜鱼苗的培育后期，当饵料鱼的数量稀少时，应及时补充饵料鱼。大概分为 3 个阶段，每个阶段都要投足适口的饵料鱼苗。第 1 阶段：把开口摄食的鱼苗养成全长 1 厘米的鱼苗，饲养 5～7 天，放养密度为 3 000～4 000 尾/米^2。这一阶段的关键是投足适口的团头鲂、鲫、鲤等鱼苗，让鳜鱼苗开口，开口后投喂草鱼、鲢、鳙等鱼苗，投喂饵料鱼苗的数量为鳜鱼苗的 5～6 倍。待鱼苗全长达到 1 厘米时，再转入另一已消毒的水泥池中，转移时鱼苗要带水过数和带水运输。第 2 阶段：把全长 1 厘米的鱼苗养成全长 1.9 厘米的乌仔，饲养 6～8 天，放养密度为 1 500～2 000 尾/米^2，投喂饵料鱼苗的数量为鳜鱼苗的 6～8 倍。当长到 1.9 厘米的乌仔时，再转入另一已消毒的水泥池中。第 3 阶段：把全长 1.9 厘米的乌仔养成全长 3.3 厘米的夏花鱼种，饲养 8～10 天，放养密度为 500～800 尾/米^2，投喂饵料鱼苗的数量为鳜鱼苗的 5～6 倍。

（3）及时分养。当鳜鱼苗长到 3 厘米时，应及时捕捞出售鱼苗或分池稀养（图 3－7）。

（4）调节水温。水温的高低是影响鳜鱼苗生长快慢的主要因素。在用小型土池培育鳜鱼苗时，水温受自然气温影响较大。因此，在生产上一般不采用人工增温的方法（虽然市场上有用于池塘增温的电加热器出售），只要值班人员经常收听天气预报，注意寒潮降温消息，事先加入新水，提高水位后就可以达到防寒保暖的目的。晴天采用排水法，降低水位，以便日晒升温。这样，就可使鳜鱼苗生活于温度较高的水中。

图 3-7 鳜鱼苗及时分养

（5）保护池边水草。巡塘时，要注意保护池边生长的沉水植物，如鸭舌草、金鱼藻之类。巡塘时也要注意随时铲除浮叶植物，如菱角、芡实之类（图 3-8）。

图 3-8 注意保护池边水草

（6）注意防病。每天早、中、晚巡塘时要注意鳜鱼苗摄食情况及活动情况，如发现有鳜鱼苗不摄食、游泳迟缓或在水中翻滚（患车轮虫病）等病理现象，应及时进行药物防治，以免传染。一般用0.7毫克/升的硫酸铜和硫酸亚铁合剂（5∶2）进行遍洒，每隔9天遍洒1次，可起到治疗作用。此外，用药物预防，定期向全池泼洒漂白粉水，使池水中漂白粉浓度为1毫克/升以达到消毒目的。另外，消毒时操作人员应戴口罩、橡皮手套，在鱼池上风泼洒。鳜鱼苗不喜酸性水，因此每隔一段时间，要泼洒生石灰水以调节酸碱度。

（7）做好巡塘日记。每天早、中、晚各巡塘1次，观察鱼苗活动情况（游泳姿态、浮头情况、摄食情况等），并定时测定水温、酸碱度、透明度等数据并记录于巡塘日记上。注意收听天气预报，将风向、气温、晴、雨、阴天等天气情况也记录于巡塘日记上。如遇天气闷热时，中午要开增氧机1小时。因鳜鱼苗不耐低氧，故2:00—5:00，即使鳜不浮头，也要开机增氧，保证水体溶解氧充足，这是提高鳜鱼苗成活率的主要措施。

（8）培育绿水。如池边没有沉水植物，可通过培育低等植物，如绿色藻类（单衣藻、小球藻等）在水中进行光合作用增加水体溶解氧。为了使池水变成绿色，应适当减少饵料鱼中鲢的比例。在池中培养绿藻，因绿藻在氮肥丰富的环境中繁殖快，可向池中泼洒尿素。但尿素不能多施，否则使水质变肥，造成鳜鱼苗缺氧浮头致死。

二、鱼种培育

鱼种培育是紧接在鱼苗培育阶段之后进行的，是将鱼苗培育至30～100克/尾的鱼种的过程。自鱼苗培育成夏花鱼种（寸片），鱼体已增重近10倍，如果仍留在原池培育，由于密度过大，将不利于鱼体的生长发育；如果直接放入大水面养成商品鱼，由于夏花鱼种规格仍太幼小，抵抗敌害生物的能力不强，会造成大量死亡，成活率很低；如果直接放入成鱼塘养成商品鱼，因受单位面积水体内的放养密度的限制，饲养前期造成池塘水体的浪费。因此，要将夏花鱼种按适当的密度，进一步培育成大规格鱼种（50～150克/尾）。培育大规格鱼种常用的方法有池塘培育法、网箱培育法、水泥池培育法等。

现将经济实用的池塘培育大规格鱼种的方法介绍如下：

1. 培育池条件（图3-9、图3-10）

（1）面积。鳜大规格鱼种培育池的面积不宜过大。1.5～3亩为宜，水深1.5～2.0米，排灌设备齐全，进排水沟渠、拦鱼防逃设备齐全。

（2）水质。要求水质清新、无污染，酸碱度中性或微偏碱性。透明度保持在40厘米以上，能经常保持微流水为最好。

（3）底质。底质以壤土为好，要求淤泥少。

（4）清塘。在鱼种入池前7～10天进行清塘，当池水很浅时（10～20厘米），每亩用生石灰100千克；当池水很深时（1～1.5米），每亩需用生石灰150千克（图3-11、图3-12）。

图3-9 鱼种培育池（1）

图 3-10 鱼种培育池（2）

图 3-11 育种培育池清塘

图 3－12　鳜鱼种培育池-保护池边水草

2. 放养规格与密度

（1）放养规格。鳜鱼苗放养规格为 3 厘米的夏花鱼种（寸片），放养时要求规格整齐。夏花鱼种入池之前，要用 2%食盐水浸泡 10 分钟。

（2）放养密度。合理的放养密度一般是每亩 2 000～5 000 尾。但要注意以水源为条件调整放养密度，水源方便，又有增氧机或潜水泵或冲水设备，则放养密度每亩可适当增加到 1 万尾；有常年微流水的鱼种池，则放养密度每亩可增加到 1.6 万尾。

3. 日常管理

（1）合理投放饵料鱼。鳜鱼种培育与鳜鱼苗培育最大的不同点就是饵料鱼的供给方式不同。鳜鱼苗每天吃的饵料鱼是靠同池生长的，鳜鱼种每天吃的饵料鱼是靠人工投喂的。因此，必须掌握合理的投饵量。如果投饵量过少，鳜鱼种吃不到充足的饵料鱼，不仅生长速度减慢，还会出现自相捕食现象；如果投饵量过多，水体中的载鱼量过大，使水体中的溶解氧浓度降低，这会影响鳜鱼种的生长。

① 在鳜夏花放养之后，需要定期抽样测定鳜鱼种的生长速度、成活率及存塘量，并以此为依据，同时参考气温变化等因素，按池养鳜在塘总量的5%～10%为投喂量，计算出投放饵料的具体数量。5%～10%称为摄食率，摄食率是在不同的水温条件下，根据鳜的摄食量测算出来的，代表鳜在某水温条件下，所食饵料鱼重量占鳜自身体重的百分比。据测定，当年的鳜，6—7月摄食率为20%～30%；8—9月为15%～20%；10—11月为5%～10%。

② 根据检查鱼种池中的剩余饵料鱼的密度，推算出饵料鱼耗尽的日期，在此之前2～3天，需补充投放足量对鳜鱼种适口（饵料鱼的体高为鳜鱼种口裂张开高度的1/2，饵料鱼的体长为鳜鱼种体长的1/3）的饵料鱼量。绝对不能等待鳜鱼种把饵料鱼吃完了再补充投放饵料鱼。在每次投喂的饵料鱼总量中要将大小规格不同的饵料鱼进行适当比例的搭配，并将大规格的先投入池中，将小规格的后投入池中。这样，就能使生长速度不同的鳜鱼种都能选择到适口饵料鱼。

（2）掌握适宜投饵间隔时间。饵料鱼以每5天投喂1次为宜，因为在投放后2～3天内，饵料鱼的活动比较迟钝，有利于鳜鱼种猎食。如果间隔时间太长，饵料鱼适应了新的环境，逃避能力增强，易造成鳜鱼种猎食困难和增加体能的消耗，还必须投放更多的饵料鱼，才可增加鳜鱼种捕到饵料鱼的机会，这样就会增加池中溶解氧的消耗，容易造成缺氧泛塘的恶果。

三、开口饵料技术

鳜卵经58～68小时孵化开始脱膜。出膜后90～110小时卵黄囊完全被吸收，鳜鱼苗开始转为外源性营养。所以，应在鳜刚出现脱膜时进行团头鲂的繁殖，使团头鲂的出膜时间与鳜鱼苗开口摄食同步，确保鳜鱼苗一开口即可吃到适口的团头鲂平游苗。鳜产卵后的第2～3天各催产一批团头鲂，作为鳜鱼苗的开口饵料鱼苗。以后定时打样观察饵料鱼的密度及鳜苗的摄食情况，以便及时补充饵料苗，使饵料苗的密度保持在鳜鱼苗的10倍左右。开口期鳜鱼苗日粮为2～7尾，以3日龄2尾为基数每天增加1～2尾。鳜鱼苗开口后，每隔3天繁育一批鱼苗作为后续饵料，保证鳜鱼苗充足的饵料供应，具体视鳜鱼苗量及饵料需要量来确定团头鲂催产批次，一般为2～3批次。同时，视情况逐步降低水流流速，以减少鳜鱼苗的体能消耗。有关饵料鱼的供应方法如下：

1. 本池培育

利用鳜鱼种池塘来培育饵料鱼，这种方法只能解决鳜鱼种培育过程中初期饵料鱼的供应问题。具体操作为在放养鳜夏花之前的10～15天，事先分批放入鲂、鲢、草鱼等鱼苗，并每天泼洒豆浆，当饵料鱼规格达到1.5厘米左右时，正好作为鳜夏花下塘时的适口饵料（图3-13）。

图3-13　鳜鱼种培育池—本池培育饵料鱼

2. 配备饵料鱼专池培育

在生产中对饵料鱼的培育，一般采用与鳜鱼种池相配套的饵料鱼专池培育法，用来解决鳜鱼种培育过程中的饵料鱼供应问题。配套比例是1∶4，即1口1亩的鳜鱼种培育池，要准备4口1亩的饵料鱼培育池与之相配套。在饵料鱼培育池中，要放养鳜鱼种易捕获又喜吃的鲫、鲤、鳙等种类。放养密度为每亩池塘放养鲫或鲤10万尾或鳙100万尾，需要放养夏花。然后以分期拉网、少量多次为原则，轮流在各地起捕饵料鱼，将规格适口的饵料鱼筛出，投入鳜鱼种培育池中供给鳜鱼种吃食。一般每周拉网1次，每次起捕10千克左右。9月中旬至10月上旬拉最后一网，可多起捕一些，这样既可保证鳜鱼种培育后期有充足的饵料，又可使饵料鱼培育池中的鳜鱼种在后期处于较低的密度，达到快速生长的目的。以便鳜鱼种有好的体质越冬。另外，4个饵料鱼池可以分不同时间投放或按不同放养密度同时投放一种饵料鱼，以便培育出不同规格的饵料鱼，使鳜鱼种在整个培育期间都有规格适口的饵料鱼（图3-14至图3-20）。

图3-14　饵料鱼培育池及饵料鱼繁殖

3. 家鱼鱼种池高密度培育

有计划地在1龄家鱼鱼种培育池中，适当地提高放养密度，使家鱼长期保持小规格。在不同时期分批捕小留大，取出一定数量的

图 3-15　饵料鱼繁殖

图 3-16　饵料鱼亲本

小规格鱼种投喂鳜鱼种。此法既可保证鳜鱼种的饵料鱼供应，又可充分利用鱼池，提高鱼种池的利用率。

图 3－17　饵料鱼孵化

图 3－18　饵料鱼孵化——孵化环道

4. 捕捞天然野杂鱼

靠近江、河、湖泊的水产养殖场，均可在江边、河边或湖边，用密眼网布做成的捞网捕捞各种天然小型野杂鱼投喂鳜鱼种。此法

图 3－19　饵料鱼用于鳜仔鱼开口

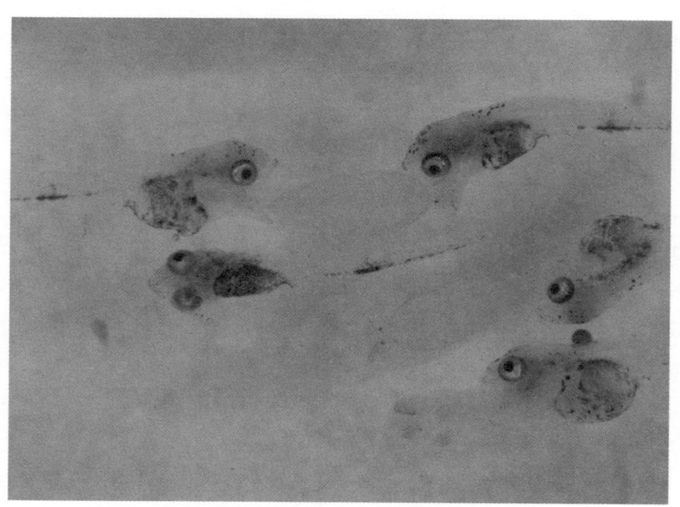

图 3－20　鳜仔鱼开口摄食饵料鱼

可在不增加成本的情况下收获鱼种，提高水产养殖场的经济效益。

第二节 鳜成鱼养殖及饲料驯化

一、鳜成鱼养殖方法及注意事项

1. 鳜成鱼养殖方法

（1）池塘精养鳜模式。适宜在池塘中存在有丰富的天然饵料生物或动物性饵料来源的地方进行养殖，可以在鳜养殖池中混养一些繁殖较快的鱼类作为饵料鱼。饵料鱼一般选择罗非鱼、鲫等，如选择罗非鱼作为饵料鱼，可在池塘中放养200～400组/亩罗非鱼亲鱼，利用其繁殖的幼苗供给鳜食用，也可用稀网将池塘隔成两半，一边养殖鳜，一边养殖罗非鱼亲鱼，使繁殖的罗非鱼幼苗穿过网片而成为鳜的饵料鱼；如选择鲫作为饵料鱼，则放养2龄鲫600尾/亩（约100千克/亩）为宜，由于鲫的繁殖力较强，产卵期长，是较理想的饵料鱼。另外，也可以专池培育饵料鱼，按养成500克鳜成鱼需要消耗2.5～3.0千克饵料鱼的比例配套生产计算，1亩鳜养殖池宜配套4亩饵料鱼培育池。饵料鱼的培育可采用高密度生产的方式，以保证饵料鱼在数量上满足要求、规格上达到同步。投喂时，一般每隔3～5天向鳜养殖池投放饵料鱼1次，投喂数量要根据养殖池中已有饵料鱼的数量加以调整。一般来说，当养殖池中饵料鱼充足时，鳜在水体底层捕食饵料鱼，水面只有零星的小水花，水声小，且间隔时间长；当养殖池中饵料鱼不足时，鳜常在水体上层追捕饵料鱼，水花大、水声大，且活动频繁；如发现鳜在养殖池边缘捕食饵料鱼时，说明养殖池中的饵料鱼已经严重缺乏，需大量补充饵料鱼（图3-21）。

（2）池塘混养鳜。一般选择在野杂鱼较多的成鱼池或亲鱼池中放养，放养密度为30～50尾/亩，鳜以野杂鱼为食，既可以起到清野的作用，减少主养鱼类的争食对象，又可以将野杂鱼有效转化为优质鱼产品（图3-22）。

图 3 - 21　鳜成鱼养殖池—池塘精养

图 3 - 22　鳜成鱼养殖池—池塘混养

（3）网箱养殖鳜。如采用套养则可一次性放足鳜和饵料鱼，并随鳜的生长，以浮游生物为食的饵料鱼的规格也不断增大，使鳜始终有充足、适口的饵料（图 3 - 23 至图 3 - 25）。

图 3-23 网箱养殖鳜（1）

图 3-24 网箱养殖鳜（2）

2. 注意事项

（1）保持良好的水质。

① 定期冲水。一般是每隔 4～5 天冲新水 1 次，每次冲水后，

图 3-25 网箱养殖鳜（3）

水位升高 20 厘米左右。在 1 龄鱼种培育过程中，初期水位应浅些，以 50～60 厘米水深最好。因为这时鱼体较小，活动能力较弱，低水位有利于提高池水温度。另外，低水位相对地增加了饵料鱼的密度，便于鳜鱼种猎捕。经过若干天生长后，采用定期冲水的方法，逐步提高池塘水位，以增加水体中的溶解氧量，增加鱼的活动空间。冲水的次数和每次冲水量应根据实际情况而定。一般在鳜夏花下塘 1 周后冲水 1 次，以后每隔 4～5 天冲水 1 次，逐渐使池水水位升高至 1.5 米为止。实践证明，定期冲水是提高鳜鱼种成活率的重要措施。

② 泼洒生石灰。在高温季节，合理施用生石灰，可有效地预防和治疗多种细菌性疾病，提高鳜鱼种的成活率。同时，也可以使水质变清，提高透明度：使浮游植物能更好地进行光合作用，提高池水的溶解氧含量。施用生石灰还能调节池水的酸碱度，使池水呈中性或微碱性，利于鳜鱼种和饵料鱼生存。

③ 开增氧机。生产中，目前采用较多的是叶轮增氧机，具有增氧、搅水、曝气等综合作用。叶轮增氧机有向上搅水的作用，白

天可借助机械的力量造成池水上下对流，使上层水的溶解氧传到下层，增加下层水的溶解氧含量。上层水在有光照的条件下，通过浮游植物的光合作用可继续向水中增氧。增氧机的曝气作用是把池底在缺氧条件下产生的有毒气体加速向空气中逸散。最适开机时间要根据天气灵活掌握。目前，生产上采用晴天中午开，阴天清晨开，连绵阴雨天夜间开的策略（图 3－26）。

图 3－26　勤开增氧机—保持水体溶解氧充足

④ 微流水。用长期微流水培育鳜鱼种，不但能改善池中的溶解氧条件，而且水流的刺激可促进鳜鱼种的食欲，增加其摄食量，从而加快鳜鱼种的生长速度。有条件的地区（如水库、山溪），应利用自然落差进行每天 24 小时微流水培育鳜鱼种，其成活率、体质及生长都比一般静水池塘效果要好得多。

（2）管理岗位责任制。鳜夏花下塘后，只要有充足的饵料鱼供应，就会有一个迅速增长的阶段。由于用专池培育鳜鱼种，鳜夏花放养量大，因此饵料鱼供应不足是一个经常性的问题。1 天不吃，3 天不长。在饵料鱼投入之后，应有人经常观察，检查池中饵料鱼的消耗情况。要建立严格的管理岗位责任制，实行专人管理，坚持每天早、中、晚各巡塘1次：清早查鱼苗是否浮头；午后查鱼苗的健康和摄食等情况；傍晚查鱼池水质，并定时测量水温、酸碱度，做好记录。发现池水溶解氧较低时，应及时冲水或开增氧机，饵料鱼不足时应及时补充，绝对不要等饵料鱼被吃光了才补充，因为鳜鱼种在饵料鱼缺乏时，同类间存在弱肉强食的现象，但大小相当者往往被噎死，给鳜鱼种的培育造成不应有的损失。另外，在鳜鱼种培育过程中，要定期向池中泼洒药物以预防鱼病的发生。

二、鳜饲料驯化及规程

1. 鳜驯食人工饲料技术

由于人工饲料落水瞬间均在运动，符合鳜摄食感觉要求，因而只要训练鳜主动游至水体表面抢食落水食物即可达到驯食人工饲料的目的。鳜经驯化后也能很好地摄食中下层正在下落的食物。虽然鳜一般不摄食鱼池底部静止的人工饲料，但由于人工饲料在落水过程中处于运动状态，只要食物沉底时鳜已主动游近并跟踪食物，这时食物仍处在相对运动之中，因而只要训练鳜攻击不停顿的食物，鳜即能摄食相对运动的静止食物。

2. 鳜驯食人工饲料技术流程

苗种投放当天即投喂过量的活饵料鱼，第2～4天，逐渐减少活饵料鱼投喂量，以驯化鳜形成快速准确的摄食反应。建立起良好的摄食反应后，可在投喂活饵料鱼中搭配一些死饵料鱼。投喂前，先少量试投，待鳜浮上水面吃食时，再大量投喂。投喂死饵料鱼时要慢慢地投，以便延长死饵料鱼落下的时间。使鳜能充分饱食死饵料鱼或鱼块。然后，逐渐增加死饵料鱼或鱼块的比例，当鳜形成很好的摄食反应后，即改投死饵料鱼和饵料鱼块。最后投喂鱼糜饲料，并逐渐减少鱼肉含量，过渡到人工配合饲料（表3-1，图3-27至图3-29）。

表 3-1 鳜驯食人工饲料技术流程

时间	饵料及其投喂方法
第 1～2 天	投喂正常量的适口活饵料鱼，保证鳜状态
第 3～6 天	投喂濒临死亡的适口饵料鱼，采用定时定点抛撒模式
第 7～8 天	以每天 50%的比例逐步用死饵料鱼代替濒死饵料鱼
第 9～10 天	以每天 50%的比例逐步用冰鲜饵料鱼代替死饵料鱼
第 11～13 天	以每天 30%的比例逐步用鱼块代替冰鲜饵料鱼
第 14～17 天	以每天 25%的比例逐步用软颗粒饲料代替鱼块
第 18～20 天	软颗粒饲料和膨化饲料混合投喂
第 21 天	进行第 1 次筛选
第 22～23 天	未驯化鳜全程投喂冰鲜饵料鱼恢复体力
第 24～25 天	以每天 50%的比例逐步用鱼块代替冰鲜饵料鱼
第 26～27 天	软颗粒饲料和膨化饲料混合投喂
第 28 天	进行第 2 次筛选

图 3-27 使用冰鲜饵料鱼过渡驯化鳜

图 3-28 鳜人工饲料

图 3-29 驯化时采用流水刺激

3. 鳜驯食人工饲料技术要点

（1）鳜大小。最好选用体长 3～10 厘米的鳜个体进行驯食。若个体太小，在驯食过程中易感染疾病，降低驯食成活率；个体太大则驯食周期较长，驯化率也不高。

（2）水体大小。鳜驯食人工饲料最好选择在 2 米^3 以下的小水体中进行，若水体过大则因驯食时距离较大而效果不佳。

（3）养殖密度。应尽可能增大鳜养殖密度，这样不仅可增大鳜与食物相遇概率，且因鳜之间的模仿学习将大大缩短驯化周期，提高驯化率。

（4）驯食时间。最好选择黄昏，以后可逐渐过渡到白天。

（5）饥饿因子。鳜驯食人工饲料的关键是把握好饥饿程度。鳜过于饥饿易染病死亡，饥饿不够则很难在短期内改变其摄食习性。

4. 鳜人工饲料特殊要求

鳜人工饲料除了像一般肉食性鱼类饲料那样满足较高蛋白含量等营养需求外，还有一些特殊要求，这些要求在鳜驯食人工饲料初期尤为重要（图 3－30）。

（1）外形。应为长条形，长宽比以（2～3）∶1 为宜。

（2）颜色。最好为白色或浅色，颜色不宜太深，这样反差强易被鳜发现。

（3）软硬。含水量以 30%左右为好，太软或太硬鳜均不喜吞食。

（4）质地。饲料组分应粉碎充分，可多加些油脂使饲料口感更加细腻。

（5）促摄饵物质。加入鳜促摄饵物质。

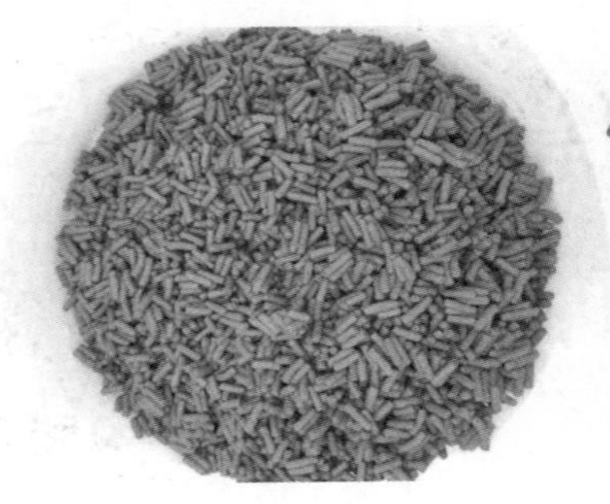

图 3－30　鳜人工饲料

第三节　鳜饲料可控养殖技术

一、鳜饲料可控养殖方式介绍

（一）池塘循环水养殖模式

池塘循环水养殖模式（Intensive Pond Aquaculture，IPA），利用气动循环水装置增氧并推动水循环，水流把鱼粪、残饵等推向集污区，废弃物被自动回收到岸边的集污区，经过脱水处理，再变为陆生植物（如蔬菜、瓜果、花卉等）的高效有机肥。这样，整个鱼塘不仅实现了“活水”养殖，而且解决了水产养殖的自身污染等问题。比起传统的池塘养殖，循环水养殖具有的几大优势。

（1）环境友好。不向养殖系统外排放任何污水，对环境无负面影响，能最大限度地利用有限的水资源。

（2）高产。产量较传统池塘养殖提高 300%，减去塘租、饲料、劳动力和能源等成本，养殖效益显著提升。

（3）质量安全。由于鱼长年生活在流水环境中，无应激因子，无须使用任何药物和化学品，从而使鱼质量更佳、更安全。

（4）更具操作性。因为密度超高，日常管理和捕鱼更加便捷，将不同品种、同一品种不同规格的鱼同时进行养殖，有利于全年均衡上市，避免集中上市。

从 2013 年开始，美国大豆协会在中国推广池塘循环水养殖模式，截至 2016 年，中国共建有 1 500 多条池塘循环水养殖水槽，主要分布在江苏、安徽、浙江和上海等省份（图 3－31 至图 3－33）。

1. IPA 的原理

池塘循环水养殖模式（IPA）的原理，概括地说，就是将池塘水体划分为水体净化区、鱼类集群区和排污区，养殖鱼类在集群养殖区集群，通过精确投饵、局部微孔增氧、及时清除粪便残饵，排

图 3-31　池塘循环水养殖模式（1）

图 3-32　池塘循环水养殖模式（2）

出废水并在池塘外净化区处理后回流，固形物留在陆地上加以利用，由此达到节水、减排、高产的清洁养殖目的。

图 3-33 池塘循环水养殖模式（3）

2. 池塘循环水养殖模式的具体技术措施

（1）池塘循环水养殖模式的结构。养殖水槽一般的规格为长 22 米，宽 5 米，水深 2 米，主要包括下述部分：

①“心脏”部分。包括养殖槽内的增氧系统和导流系统，槽外的增氧系统和循环系统。

② 排污系统。应用机械式排污，效果比地形排污要好。

③ 投料系统。可以实现完全自动化投料。

④ 附属设施。用于饲料转运、商品鱼转运上车等简易装置等。

（2）池塘循环水养殖模式的运行。将养殖鱼类集中在养殖槽中，通过气提增氧推水机使池塘外水体不断流入养殖槽内，养殖槽末端连接沉淀槽，流出养殖槽的水体经过沉淀槽沉淀，多数沉淀物被集中在集污矮墙下，利用除污泵将沉淀槽中的污物排入固液分离机中进行分离。

3. 池塘内分区养殖的功能

（1）集群养殖区。即鱼类集群区。集群养殖区是进行集群养殖的场所，良好的水体交换、优质的饵料供给、有效的病害预防是保证集群养殖区鱼类安全的重要措施。养殖密度高于静水池塘实际产量的 10～50 倍，占池塘总面积的 2%～10%。微孔增氧推水模式可以保证集群养殖区不会出现缺氧情况。同时，使水体单向流动，控制养殖鱼类的粪便排泄范围，以利于清理污物。

（2）沉淀排污区。功能是对集群养殖区鱼类粪便、残饵等进行沉淀收集。沉淀排污区面积是集群养殖区的0.2～2.0倍，可设置1～2个分级沉淀区，对不同沉降速率的颗粒有机物进行收集。沉淀池的设计取决于“溢水流速”（单位时间的流量除以沉淀池的面积），固体的沉降速率始终大于“溢水流速”，保证固体下沉。沉淀排污区不投放鱼类，以防止其对沉淀物的搅动。

（3）水质净化区。对流出沉淀排污区的水体进行净化，占池塘总面积的80%以上。利用水体生物自净能力净化剩余的有机物。水质净化区不投任何饵料，利用净化池配养滤食性鱼类起到生态修复的作用。这种设计可降低养殖对水体的污染，提高养殖用水的利用率。此外，水体利用微孔曝气推水设备促进水体流动，形成一个有效的循环形式，同时进行增氧。这样的养殖方式可减少水体富营养化产生的不良后果，降低气泡病等疾病的发生率。

（4）污水处理区。池外污水处理区利用过滤净化设备将集群养殖区和沉淀排污区收集的污水进行固液分离，为有机物的进一步利用提供了条件。池外污水处理区占池塘总面积的1%左右，利用此区分离含水粪便，便于将粪便收集。分离的液体含有较高的氮磷等物质，可通过无土种植等技术进一步净化后再流回养殖池塘。

通过以上4个区域功能的链接（图3-34至图3-36），使单个

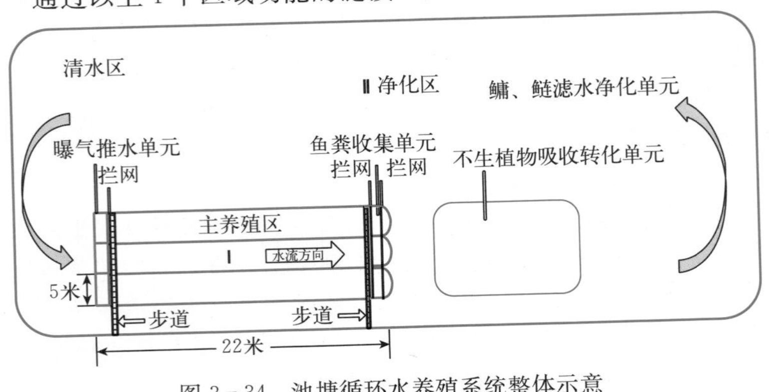

图3-34 池塘循环水养殖系统整体示意

养殖池塘形成一个独立的养殖及净化生态系统，为水产养殖的健康养殖及节能减排提供了技术保障。

图 3 - 35　池塘循环水养殖系统——增氧设备

图 3 - 36　池塘循环水养殖系统——水质净化区

3. IPA模式的优点

（1）改变池塘养殖环境。通过集群养殖区增氧、过滤沉淀区排污、水质净化区水体环流发挥养殖动物的集群效应，避免拥挤效应，从根本上降低导致池塘水质恶化的因素，满足养殖鱼类的生态需求（图3-37）。

图3-37　池塘循环水养殖系统推水装置

（2）减轻池塘污染过程。将污染后修复治理变为污染前积极预防，及时清除池塘颗粒有机物、鱼粪和残饵，减少鱼类粪便、残饵等在池塘水体中的停留时间和池底积累，从而减少分解过程及耗氧量，延长池塘使用寿命。

（3）降低能耗稳获高产。通过排出鱼粪、残饵，减少池塘总有机物负荷，从而降低溶解氧的总消耗量，为提高鱼载量创造了条件，为渔业发展节约了土地面积。在减少溶解氧消耗的同时降低了动力增氧的需求量，减少了能耗。集群养殖区便于观察和科学管理，如疾病的预防、治疗，捕捞工作的开展等，降低了人工成本。

（4）便于池塘综合利用。IPA模式是池塘开放系统养殖与封闭的工厂化养殖有机结合的一种新模式，改变了对传统池塘大小、形

状等的要求，可以有效地节约水资源，提高养殖水体的利用率，增加可养殖水域，对池塘养殖拓展有积极作用。

（二）工厂化养殖模式

工厂化养殖作为一种高产、节水、省地、环保的新型养殖模式，近年来备受水产企业青睐。由于其具有节水、省地、不受环境和气候影响等优势，能常年连续生产，高产、高质、高效而不污染环境，以技术的进步解决了资源制约的问题，具有较大的发展潜力和空间。鳜是名贵鱼类，市场需求逐年上涨，随着鳜遗传育种和人工驯化的发展，工厂化养殖将成为鳜今后的主要发展模式（图 3 - 38 至图 3 - 44）。

图 3 - 38　鳜工厂化养殖系统外景

1. 工厂化水产养殖中的水处理技术

在水产养殖中，最重要的一环就是水质的处理。循环水处理系统通常包括沉淀、过滤、生物处理和消毒等基本单元，处理的常规流程为高密度养殖池水进入沉淀分离池，利用涡流旋转原理迅速排出粪便、残饵，以免水质进一步腐败；经泡沫分离、过滤后的水进

图 3-39　鳜工厂化养殖系统内景

图 3-40　工厂化养殖系统催产池

入生物滤池，充分利用生物分解有机物，有机物被水生植物吸收、利用，使氮得到充分转移、利用，并且脱离养殖体系；经过生物降解后的水进入下一个处理池曝气，然后进行杀菌消毒，调整温度、

图 3-41　工厂化养殖系统培苗池

图 3-42　工厂化养殖系统孵化桶

pH，充氧，最后使处理后的水返回高密度养殖池。整个处理过程中涉及以下设备和技术。

（1）沉沙池。沉沙池可分为平流式、曝气式、涡旋式和竖流式

图 3-43　工厂化养殖系统养殖桶

图 3-44　工厂化养殖系统

这 4 种形式。平流式沉沙池是一个狭长的矩形池，废水经消能或整流后进入池中，沿水平方向流至末端经堰板流出，结构简单，处理效果好；在曝气沉沙池的池侧设置一排空气扩散器，其优点是除沙效率稳定，受流量变化影响小；涡旋式沉沙池通过调节旋转板的转速，可除去其他形式的沉沙池难以去除的细沙，密度小的有机物在池中心随污水排出，沙被推向池底中心沙斗，再经过排水口排出。竖流式沉沙池的处理效果差，已被淘汰。

（2）微滤。这里所指的微滤指通过80～300目筛网来滤除悬浮物的一种机械过滤法。通常可选用的是回转式微滤机，其优点为能从水中去除各种类型的浮游植物、浮游动物、无机与有机碎片或纤维纸浆等，占地面积少、水头损失小、不加药剂、安装操作简易等。过滤精度可达15微米，适用于工厂化水产养殖、城市污水治理和工业污水排放治理等多个领域。

（3）沙滤。实际应用中，通常选择压力式沙滤罐作为沙滤设备。压力式沙滤罐能从水中高效去除各种类型的浮游生物、无机与有机碎片或纤维纸浆、重金属离子、部分可溶性物质和蛋白质，可软化水质，提高水体澄清度。实际选用时，应考虑其是否耐海水等腐蚀性液体的侵蚀。还应考虑其使用方便性，现在多数压力式沙滤罐都采用一阀控制，使得过滤、反冲等工作模式的切换非常方便。最重要的是应考虑其反冲方式及反冲的彻底程度，如果反冲不充分、不彻底，将导致沙层板结、气阻或过滤不净等，最后不得不全面换沙，重新装填新沙层。

（4）固液分离技术。工厂化养殖系统中，尽快、尽可能多地将鱼池排水中由粪便、残饵形成的悬浮颗粒物脱离循环系统，是一项十分重要的技术措施。常用的固液分离设备有滚筒式机械过滤器、沙滤器和压力沙滤器等。工厂化养殖系统中多选用滚筒式机械过滤器。

（5）泡沫分离技术。水质净化处理中，泡沫分离具有其独特的功能。它能将溶解性有机物及悬浮物通过气泡吸附形成的泡沫去除，是一种简便高效的水质净化处理方法，它可以有效去除流经水体中的细菌等，同时还可增加水体中的氧含量。

（6）消毒灭菌系统。可分为臭氧消毒和紫外线消毒两种。臭氧是已知可利用的最强氧化剂之一，在实际使用中，臭氧呈现突出的杀菌、消毒作用，是一种高效广谱杀菌剂。臭氧可使细菌、真菌等菌体的蛋白质外壳氧化变性，可杀灭细菌繁殖体和芽孢、病毒、真菌等。常见的大肠杆菌、粪肠球菌和金黄色葡萄球菌等，其杀灭率在99%以上。紫外线消毒是利用UV-C对细菌等致病微生物具有高效、广谱的杀灭能力，从而达到对水体的净化和消毒的目的。紫外线消毒对水体的消毒时间短，同时具有高效、广谱、使用年限长、运行费用低、无需任何添加剂以及不产生任何二次污染等特点。

（7）生物过滤技术。整个循环水处理系统中，生物过滤起着核心作用。一般在循环系统中常用的生物滤床有沉浸式、滴滤式及旋转式等，无论哪一种方式，其原理均是营造一个适合硝化细菌生长的环境，并维持其旺盛的硝化作用，在养殖废水经过生物滤床时，将水中的氨氮及亚硝酸氮等有毒含氮废物氧化为硝酸盐氮。养殖密度愈高，循环水系统对生物滤器的依赖性也随之愈强。

（8）人工湿地净化技术。人工湿地是一项新型的水处理工艺，由人工基质和生长在其上的水生植物、微生物组成，形成一个独特的土壤-植物-微生物系统，用以净化污水（图3-45至图3-48）。

图3-45　工厂化养殖系统水处理设备（1）

图 3-46　工厂化养殖系统水处理设备（2）

图 3-47　工厂化养殖系统水处理系统（3）

图 3-48 工厂化养殖系统水处理系统（4）

2. 系统增氧技术

水中的溶解氧是鱼类赖以生存和水环境物质被氧化的重要物质。鱼类的生理活动需要氧气，每吨鱼每天消耗约 3 千克氧气，《渔业水质标准》要求水体溶解氧含量应高于 3 毫克/升，工厂化养殖系统的养殖密度在 30～50 千克/米^3，在纯氧增氧的条件下，养殖密度可以达到 100 千克/米^3 以上。因此，在工厂化高密度水产养殖模式下，高效增加养殖水体的溶液氧是确保鱼类正常生长的前提和关键，也是提高工厂化设施系统效率、增加经济效益的有效途径。

工厂化养殖的增氧技术根据增氧方式不同，可分为化学增氧、生物增氧和机械增氧等，其中机械增氧的普及程度最高。

（1）化学增氧。指人为投向养殖水体中的化学制剂遇水后，发生化学作用释放氧气，提高水体中溶解氧的含量。化学增氧剂一般为过氧碳酸钠、过氧酰胺、过氧化钙和过氧化氢等。化学增氧主要应用于池塘养殖，尤其是在通电困难、水源不方便及没有增氧机的塘口，或在梅雨季节，闷热、雷雨、高温等天气多变及密集运输中，浮头缺氧多发的情况下，大多数采用此方法。这种增氧方式成

本过高，很少在工厂化养殖中使用。

（2）生物增氧。水中溶解氧主要来自光合微生物、藻类、沉水植物的光合作用及大气的扩散、转移等。浮游植物通过光合作用，吸收水体中的二氧化碳，释放氧气来达到水体增氧的目的。沉水植物、藻类生长时需要吸收水体中一些营养物质，起到改善水质和底质的功效，是比较好的增氧方式。受技术、空间和配套设备等制约，除冰下越冬外，目前生物增氧技术还没有被广泛应用于工厂化水产养殖中。

（3）机械增氧。目前国内外增氧设备的工作原理大致分为以下几种：①搅水式增氧机。通过搅动水体增大其与空气的接触面积进行增氧。②射流式增氧机。形成液体流而产生压力差，吸入空气，使水和空气能充分混合，增加空气与水的接触面积，使空气中的氧气充分溶解到水中。③鼓泡式增氧机。释放一定压力的气体，在上升过程中逐渐溶解在水中而达到增氧的目的，如充气式增氧机以及液态氧增氧设备。其中，搅水式增氧机比较适合应用在池塘中，而不适于工厂化养殖（图 3－49）。

图 3－49　常开增氧机保持水体中充分溶氧

3. 系统控制技术

自动控制技术是工厂化养殖中的重要技术，可以优化和控制养殖水体的某些参数，最大限度地发挥工厂化养殖的效能，达到精确控制养殖生产过程的目的。影响养殖过程的因子有很多，有一些还相互影响，变量较多，多因子全程控制较为困难。其中，影响较大的因子包括水体溶解氧、pH、温度、浊度、氨氮、盐度、碱度和电导率等。自动控制技术主要是研究这些因子的调节与控制方法，为工厂化养殖的自动化和精确化提供支持。

应用于水产养殖的自动控制系统主要包括中心控制类和现场控制类。中心控制类主要实现集中监测的运行管理功能，中心控制室计算机所具有的友好人机界面（控制系统的显示监视系统）通过对可编程序控制器（PLC）的管理，实现对全养殖场整个生产过程所有设备的监测和控制。界面具有开放性、灵活性、高可靠性和易操作性：模块和接口界面设计都采用国际标准，应用软件由标准和专用的软件模块、功能模块组成。现场控制类是指各养殖车间设有多个 PLC 控制子站，根据每个车间养殖种类或品种的不同要求，设定自身的优化程序，实现本车间内的设备调节和优化控制功能。中心控制室 PLC 可通过现场 PLC 站直接控制车间相关设备。如果中心控制室 PLC 发生故障，不会影响养殖场场内车间 PLC 站的控制功能。如果 PLC 网络中某个 PLC 站发生故障，值班操作员可通过就地控制开关对设备进行控制。

自动控制技术在水产养殖领域的应用，极大地促进了水产养殖业的工业化进程。建立设备配套性能完好、技术先进、自动化程度高、系统连续运行稳定的自动化控制系统，能够确保养殖过程的准确性、安全性和适应性，为养殖生产提供安全的水质和生态环境。

二、养殖方式的注意事项

（一）池塘循环水养殖模式注意事项

1. 加强增氧推水设备的建设

整个池塘循环水养殖系统中，增氧推水设备非常重要，它由 2

个核心部件构成，一个是鼓风机，另一个是曝气管。曝气管设置的关键在于其每个单位的长度，每个单位时段内它的曝气量要达到一定数值，即每米每小时的曝气量为22米^3，曝气管在达到足够曝气量的同时，还需防附着物。曝气管的选择很重要，不能一味地比较价格，应选用风量大、气泡小的曝气管，曝气过程中产生的气泡随着上升压力的变小会越来越大，与水体接触的时间越长，增氧的效果越好。一般曝气管使用2个月后，会出现气孔堵塞的情况，因此养殖户在建设IPA系统过程中，一定要注意完善增氧推水系统。

2. 重视集污设备的建设

集污的目的首先是增加产量，提高鱼的品质，减少池塘的富营养化以及养殖过程中产生的污染。如果不集污，那就失去了IPA池塘循环流水养鱼系统的意义和价值。池塘循环水养殖模式要注意增氧推水设备的建设和吸污效率的提高。

（二）工厂化养殖注意事项

1. 驯化苗种的养殖池要求

鳜对水质要求严格，对溶解氧要求高，建议采用循环水养殖系统来培育鳜鱼苗并驯食人工饲料，2个养殖池共用一个过滤系统，包括集污区、生物处理区、杀菌区和温度调节区。

（1）循环水养殖池。集污区能将水中的固体悬浮物截留，定期排出至系统外的污水处理池；生物处理区滤料表面形成生物膜，分解溶解于水中的有机物；杀菌区采用紫外灯；温度调节区调节所需的温度；经处理好的水由回水管返回养殖池，循环不会对环境造成污染。注意事项有：①排水口最好放在底部，采用底排污模式可及时把污物排到处理池；②苗种池的用水最好先经过外塘的沉淀处理再进入循环水池；③水池在放苗前要提前1个月左右进水并开动循环系统，让系统中的生物膜能够挂膜，放苗后能及时处理池水。

（2）苗种选择。按照养殖需求，可选择生长速度最快的翘嘴鳜。挑选体质健壮、无伤病、规格在3～5厘米的鱼苗，其放养密度以400～500尾/米^{3}为宜。投放苗种后先投喂活饵料鱼1～2天，再投喂新鲜死饵料鱼，再慢慢转投人工配合饲料。

（3）饲料选择。现在市面上的鳜饲料主要有粉状饲料和缓沉型膨化饲料2种，粉状饲料需要用饲料机做成软颗粒再投喂，缓沉型膨化饲料需要用水泡软后投喂。一般选用粗蛋白质在48%以上的高蛋白人工配合饲料进行养殖（图3-50、图3-51）。

图3-50 鳜人工饲料的制作

图3-51 鳜人工饲料

（4）苗种驯化。一般苗种3厘米时可开始驯化，水温为25～26℃时，养殖密度可达600～800尾/米^3，经过15天驯食人工饲料，鱼苗能够生长到7～8厘米（10克左右）；水温为28～29℃时，养殖密度可达300～400尾/米^3，经过30天驯食人工饲料，鱼苗能够生长到12～13厘米（30克左右）。

2. 人工饲料驯养商品鳜过程中的注意事项

人工饲料驯养商品鳜过程中，饲养管理要非常细心，包括饲料投喂、水质管理和病害防控等。

（1）饲料投喂。放养全长10厘米以上经驯食人工饲料的鳜鱼苗种，可获得较理想的养殖效果。配合饲料的日投饵率为鱼苗体重的2%～5%，每天投喂2次，根据天气变化灵活调整投饲量，以避免鱼体不适和饲料浪费。

驯料先用干性粉状饲料，将粉状饲料用面条机或绞肉机加工成软颗粒饲料，根据鱼体大小调整饲料粒径，每千克干饲料加 0.33 千克水，搅拌均匀后放进面条机或绞肉机挤压成面条状，再切成相应长度。鱼苗完全摄食人工饲料后，仍可继续使用粉状饲料养成商品规格，也可以改用缓沉型膨化饲料，注意先用 30% 的水将饲料泡软后再投喂。

投喂速度需十分缓慢，先用极少量饲料引诱鱼集中摄食，再慢慢向鱼群投喂饲料，每池鱼的投喂时间不少于 40 分钟，当鱼群完全散开后停止投喂（图 3 - 52、图 3 - 53）。

图 3 - 52 鳜人工饲料驯食鳜（1）

图 3 - 53 鳜人工饲料投喂鳜（2）

（2）水质管理。每天需检测养殖水体的水温、pH、溶解氧、氨氮和亚硝酸盐等水质指标。根据水质状况接种益生菌，以消耗养殖水体中有毒、有害物质，形成健康的养殖环境。调节水体 pH 在 7.0～8.0，氨氮含量小于 0.3 毫克/升，亚硝酸盐含量小于 0.2 毫克/升。此外，每天定期排污和冲注新水，保持水质清新（图 3 - 54）。

图 3 - 54 水质管理

（3）病害防控。养殖过程中要重视病害防控，这是决定养殖成功与否的关键。每天巡池观察鱼的活动情况，以便及时发现问题并采取措施。整个育苗和养殖过程要严格执行卫生防疫制度，以防为主，鱼苗进池、过池要经过消毒；对源水进行沉淀、消毒、净化处理；发现病虫害要及时准确地用药。

工厂化养殖水体容易出现寄生虫，故需每天对鱼体进行寄生虫监测，早发现、早处理，减少损失。鳜养殖过程中，虹彩病毒的危害一直较大，发病温度在 25 ℃左右，工厂化养殖具有水温可控的优点，通过调节温度能够在一定程度上预防和控制虹彩病毒的发生。

第四节　鳜绿色渔药及病害防控技术

一、减少鳜用药的养殖方法

由于鳜养殖是高投入、高产出、高效益、高风险，所以有些养殖户为了提高鳜养殖的成活率，经常用药、盲目用药、超剂量用药，将鳜“泡”在药水里。但长期用药、盲目用药和超标用药，往往引起药害。其表现为鳜的积累性中毒、寄生虫抗药性的增强和对水体的药物污染。鳜一般在傍晚和清晨捕食，以傍晚为主。有些养殖户在傍晚用药，往往引起鳜“吐食”或少量鳜死亡，其主要是鳜饱食后，受外界药物的刺激而出现呕吐反应，如吐不出，则出现梗死现象。超标用药，使寄生虫抗药性增强，在鳜养殖中表现在车轮虫的防治上。外用药超标用药还引起鳜鳃丝水肿、出现中毒症状，内服药超标会损伤肝引起白肝等。同时，长期对水体用药，引起水质恶化，也会使鳜出现食欲减退等现象。盲目用药、超标用药往往出现越用药越死鱼的恶性循环现象。对鳜池用药的技巧主要有以下几项。

1. 灭菌类和杀虫类药物的全池泼洒

由于鳜是底栖性鱼类，且有早晚捕食的习性，所以用药时间一般在10:00左右。用药时间过早，在池水溶解氧偏低且部分鳜捕食后对水质要求高的情况下，易对鳜造成损害。傍晚用药往往引起鳜“吐食”和少量死亡，也应避免。另外，药物在兑水时的水量应多一些，在全池泼洒时尽量泼洒均匀（图3-55、图3-56）。

图3-55 全池泼洒用药

图3-56 网箱养殖鳜用药

2. 药饵的投喂

鳜在患有肠炎、严重烂鳃和出血病时，需服用药饵。但鳜是捕食活鱼的，药饵需先由饲料鱼吃进肚中，再由鳜捕食，属间接服药法。药饵中药物的含量应为常规的6～8倍。药饵投喂前，应在鳜池中放足饲料鱼，药饵投喂量为池中饲料鱼体重的6%，第1～3天投饵量不变，第4天起可按饲料鱼吃食情况酌减。池中饲料鱼不足、采用每天添加饲料鱼的方法或药饵投喂量不足等均将影响疗效。

3. 对症下药

药物使用时，一是对症用药；二是按标准用药。此外，还要有信心和耐心。药物作用有一个过程，不会今天用药明天就好，一般经一个疗程后才见效。正常用药后需经 7～10 天才能再次用药。如频繁用药，反而会引起药害，加剧病症或增加死亡。多次用药、盲目和超标用药，易引起药害。

二、绿色渔药使用

1. 鳜池塘用药的一般原则

（1）鳜池塘用药时宜提前开动增氧机 30 分钟以上后开始用药，用药时和用药后应持续开动增氧机。

（2）鳜池塘用药时应避开早晚摄食高峰。选择杀虫药物时应选择低毒无残留药物品种，并按低剂量使用，使用 4～6 小时后应及时解毒并培肥水质。

（3）除杀虫药外，鳜池塘所用消毒剂宜采取立体用药方式，同一品种消毒剂可采取泼洒制剂和颗粒制剂同时使用的方法，一定要选择刺激性小的消毒药物，如中草药消毒剂、过氧化物消毒剂、聚维酮碘等（图 3-57）。

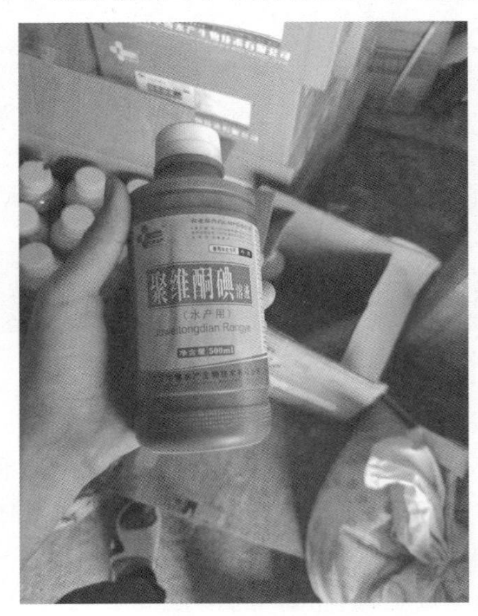

图 3-57　常用消毒剂聚维酮碘

（4）水质不良时，先改良水质后再用药。

2. 渔药联用

在鳜疾病防治过程中，使用单一的药物往往难以达到治疗疾病的目的，需要混合用药或联合用药才能加强防治效果。将 2 种或 2 种以上的药物充分混合后同时使用称为混合用药，将 2 种或 2 种以上药物先后配合使用称为联合用药。由于养殖环境的日趋恶化导致品种退化等原因，多种疾病混合感染的现象比较常见，病原未明的危急病例和抗药性增强的病原体普遍存在，渔药联用为鳜疾病防治的一种重要手段。

（1）混合用药。将“新杀车灵”（主要成分为有机螯合物溶液）与低剂量的硫酸混合用可提高杀车轮虫、斜管虫的效果，随着硫酸铜使用量的加大，对原生动物的杀灭效果更强；将高效氯氰菊酯溶液与伊维菌素溶液混合使用，可提高对甲壳类寄生虫的杀灭效果；将“贵鱼康”与聚维酮碘溶液混合使用可提高对鳜病毒性和细菌性疾病的防治效果：将苯扎溴铵与戊二醛混用可加强杀菌效果；苯扎溴铵溶液与阿维菌素溶液混合使用兼具杀虫与杀菌的双重效果。

（2）联合用药。联合用药是基于药效互补的目的。有很多经验值得借鉴：如使用大黄末中药泼洒剂时，为避免水生物被水体有机物交联吸附，可提前使用过氧化氢氧化有机物；使用甲苯咪唑杀灭单殖吸虫时，可提前使用硫酸亚铁，有助于在寄生部位产生大量黏液，增强杀虫效果；水体矿化度大时会影响杀虫药效果，有时也会加大药物毒性，所以一般也会在使用杀虫药物前先使用1次EDTA，接着再使用絮凝剂，可加速、加强净水效果；在杀灭水体下风区蓝藻时，用杀藻剂后，接着使用1次过氧化物消毒剂，可避免蓝藻引起的中毒；使用芽孢杆菌时，为促进芽孢杆菌的增殖，可配合使用颗粒增氧剂和多元有机酸等（图3-58）。

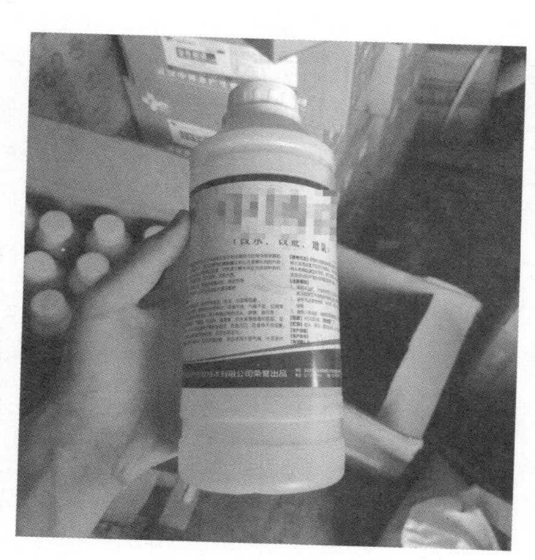

图3-58 改底药品

3. 渔药混合用药或联合用药注意事项

（1）渔药混合用药或联合用药不应影响药物有效成分的化学稳定性从而导致药效不佳，或不增效反增毒，如氧化性消毒剂与非氧化性消毒剂混用会导致药效损失；生石灰与敌百虫或辛硫磷溶液混用会加重毒性，极易形成药害事故。

（2）渔药混合用药须坚持现配现用的原则。

（3）渔药混合用药或联合用药时，先在小水体进行试验，若可行才可进行大面积使用。

（4）渔药联合用药时，存在2种药物有配伍禁忌且根据水生动物状况确实需要联合用药时，须错开使用，在前一种药物药性基本丧失后再使用后一种药物。

4. 根据水质状况选择药物

水环境因素对水产药物的防治效果起着关键作用，养殖水体溶解氧、pH、有机悬浮物、水温、硬度、底质等直接影响水产药物药效的发挥。溶解氧大多数药物对水体浮游生物的生命活动有影响，因而不宜在清晨、阴雨天、傍晚或夜间使用。当然，能释放氧的水产药物，如过氧化氢、过硫酸氢钾等也可在缺氧状态下使用。当水体中溶解氧含量较高时，水生动物对水产药物耐受性增强，溶解氧含量低时易发生中毒现象，如养殖水体中pH在24小时内是波动的，水质较肥且藻类较丰富、气温较高（如夏季中午）、藻类光合作用强烈时，pH会有一定幅度地上升。由于水体pH的变化，水产药物会产生不同的作用效果。酸性水产药物、甲苯咪唑、阴离子表面活性剂等水产药物，在偏碱性（pH较高）水体中作用减弱；而碱性水产药物（如阳离子表面活性剂、磺胺类水产药物）会随pH升高而作用增强；漂白粉在碱性水体中消毒杀菌能力减弱；三氯异氰酸、溴氯在酸性水体中作用持久，在弱碱性水体中作用迅速；二氧化氯制剂在酸性水体中作用迅速、彻底；敌百虫、辛硫磷溶液在酸性水体中作用持久、杀虫效果好，在碱性环境下要么被分解转化速度快、效果差，要么毒性加剧（图3-59、图3-60）。

图 3-59 水质检测（1）

图 3-60 水质检测（2）

三、鳜养殖过程病害防控技术

在鳜的养殖病害防控过程中，一定要对症下药，按标准用药。同时，要以防为主，以治为辅。鳜的发病除自身和水体因素外，大多与饵料鱼有关，如饵料鱼的寄生虫病、出血病等都能感染鳜，而且速度很快。所以，自己培育饵料鱼，并在将其补入鳜池前进行检查，对症下药或防病用药，从而可避免或减少对鳜池的用药。也可将饵料鱼补入网箱后，在网箱及其四周水体用甲醛化水泼洒（一般每次用 1 000 克），使寄生在体表和鳃部的寄生虫脱落，15～20 分钟后放入鳜池中。用药时需注意观察鳜的反应，如鳜出现异常则立即将网箱推至无药区，以免造成损失。

1. 减少鳜病害的措施

（1）加强亲本选育。近年来，鳜近亲繁殖严重，种质资源化逐步退化，是导致鳜疾病高发和生长速度受到限制的主要原因。所以，要选择不同来源和不同水系的野生优质鳜亲本。同时，应加强对鳜新品系的选育，提高鳜的免疫抗病能力和优良生长性状（图 3-61）。

图 3-61　选取强壮亲本繁殖

（2）加强检疫。研究表明，鳜病毒性疾病的发生以水平传播为主，所以选择购买苗种时应加强对鳜病毒性疾病的检测，尽量避免从鳜病毒性出血病高发的养殖区域选择苗种。同时，鳜苗种阶段是车轮虫、斜管虫、杯体虫等原生动物类寄生虫疾病的高发阶段，在苗种运输前应杀灭这类寄生虫，否则在运输过程中就会大量增殖，最后下塘时会导致大批量死亡（图 3-62）。

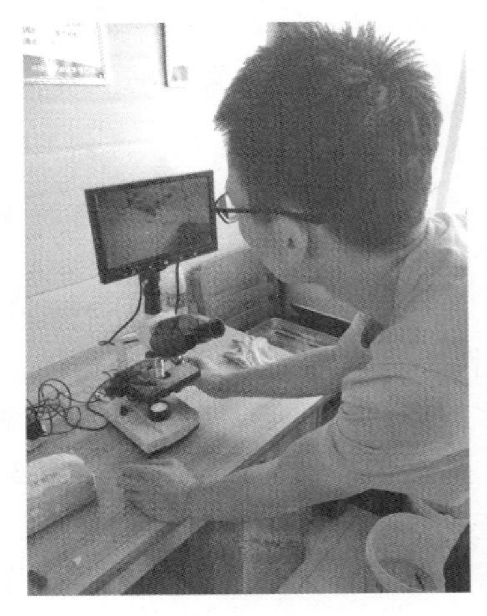

图 3-62　定期取样检查

（3）清塘和消毒。养殖池塘的清塘和消毒是为了消除养殖的安全隐患，同时也是健康养殖的基础，有利于提高苗种的成活率和生长率。主要的清塘方法有生石灰清塘、漂白粉清塘和二氧化氯清塘。

生石灰清塘一般在放苗前 15～20 天，留水 5 厘米，生石灰溶于水后全池均匀泼洒，每亩用量 40 千克左右，然后再经过 4～5 天晒塘之后就可以灌入新水试水下苗。漂白粉清塘方法类似，同样是将漂白粉溶解后全池均匀泼洒即可，用量为每亩 5～8 千克。二氧化氯清塘是近年来才渐渐被养殖户所接受的一种清塘消毒方式，它的消毒方法是先引入水源后再用二氧化氯消毒，水深 1 米时，用量为 10～20 千克/亩。7～10 天后

放苗，该方法能有效地杀死浮游生物、野杂鱼虾类等，并防止蓝绿藻大量滋生。

（4）饵料鱼配套与饵料鱼消毒。鳜标准化养殖的面积可大可小，以 8～10 亩最为适宜，鳜饵料鱼培育池的面积不宜过大，一般饵料鱼培育池面积与养殖面积比在 1∶(3～4)。鳜饵料鱼选择一般以体型细长的纺锤形为主，鳍条柔软，饵料鱼规格一般为鳜体长的 1/3～2/3 为宜。

饵料鱼的投放容易给鳜池带入致病生物，因此在饵料鱼投入鳜池时应提前 3～5 天分别针对原生动物（车轮虫、斜管虫等）或后生动物（锚首吸虫）进行预防杀虫，可分别选用“新杀车灵”或甲苯咪唑溶液。如饵料鱼已经发生细菌性败血症时，应在饵料鱼细菌性败血症治愈后再行投放，否则容易诱发鳜发生细菌性败血症。当然，有时为避免鳜池出现缺食现象，也可在转运饵料鱼过程中选用 10～15 毫升/升的聚维酮碘溶液浸泡 5～10 分钟后再投放（图 3-63）。

图 3-63　饵料鱼配套与饵料鱼消毒

（5）合理控制放养密度和投放频率。为了有效避免池塘鳜养殖所带来的毁灭性风险，一般主张鳜放养密度为 3～5 厘米/尾规格放养 1 500～2 000 尾/亩；5～8 厘米/尾规格放养 1 200～1 500 尾/亩；

8～10 厘米/尾规格放养 1 000～1 200 尾/亩。养殖单产按 500～1 000 千克/亩设计，最高不超过 1 200 千克/亩。为确保鳜池效益和苗种放养存活率，应将鳜苗种标粗后放养，一般选用 0.15～0.3 厘米鳜鱼苗在池塘强化培育 15～20 天后，达到 8～10 厘米时再分塘进行放养。

鳜苗种放养时应避免苗种规格差异过大，否则容易在养殖过程中出现互相捕食现象，影响鳜养殖成活率。为避免因饵料鱼投放造成鳜池塘负荷加大，一般每次可按鳜体重的 2～3 倍投放饵料鱼。早期 10 厘米规格前按鳜每天摄食 3～5 尾计算饵料鱼投放尾数，总体原则是每 3～5 天投放 1 次。

(6) 注意巡塘检查。每天早晚或早中晚要进行巡塘检查，观察鳜的摄食节律是否形成，一般在早晚应形成 2 个摄食高峰，摄食高峰形成时饵料鱼沿塘边特别是塘角会形成饵料鱼群，摄食高峰的形成说明鳜生长摄食正常，否则说明饵料鱼缺乏或水质不良，也有可能有寄生虫感染或水体中有药物残留。观察鳜粪便状态，鳜粪便粗细均匀、无断节、灰白色、数量多时说明鳜生长、生活、摄食正常；如粪便出现粗细不均、短小、颜色偏浅或偏深、数量少，就预示着鳜生长和摄食状况不好，需要从寄生虫或水质改良角度采取预防措施。密切关注不良天气情况下、夜晚，特别是凌晨后的缺氧浮头状况。严密监控水体游离氨或亚硝酸氮的变化情况，一般鳜摄食较差或上浮时往往与游离氨和亚硝酸氮偏高有关。严密观察在使用杀虫药物或敏感杀菌药物后鳜的活动状况，以便及时采取解救措施。严密观察鳜是否有“吐食”现象，一旦发现有“吐食”现象，要么进行水质改良，要么进行药物解毒（图 3-64）。

2. 鳜常见疾病的预防措施

(1) 车轮虫等原生动物疾病的预防。车轮虫病、斜管虫病、固着类纤毛虫病等原生动物引起的疾病一般在有机质比较丰富的池塘易发生，在阴雨低温天气或频繁换水时多发。应定期对鳜养殖水体加强施用芽孢杆菌，及时补充矿物质无氮肥料，促进有机质分解，加速氮循环，尽量减少换水。在阴雨低温期结束后，及时施用“新

图 3-64 定期巡塘检查

杀车灵”配合低剂量硫酸铜预防杀虫。

（2）病毒性出血病的预防。病毒性出血病的发生与天气突变、高密度养殖、水质不良、药物滥用等因素密切相关。因此，必须在天气突变前提前 2～3 天选用芽孢杆菌和矿物质肥料调节水质；严密监控游离氨、亚硝酸氮的含量，一旦发现含量过高时应及时选用强还原剂或强氧化剂的颗粒剂持续改良；严密监控鳜池混浊水质、蓝藻水质、红色水质、黑色水质等不良水质的发生，一旦出现不良水质必须及时改善；在发现寄生虫感染时坚持选用低毒、半衰期短的杀虫药，而且必须在使用杀虫药后 4～6 小时及时解毒（图 3-65）。

图 3-65 调水消毒药品

（3）细菌性败血症、烂鳃病的预防。细菌性败血症、烂鳃病的发生与水质不良及寄生虫感染密切相关，一方面，须加强水质保护与改良；另一方面，须及时杀灭寄生虫。每 10～15 天选用高锰酸钾、过硫酸氢钾等过氧化物消毒预防 1 次，尽量避免投入携带致病菌的饵料鱼（图 3－66）。

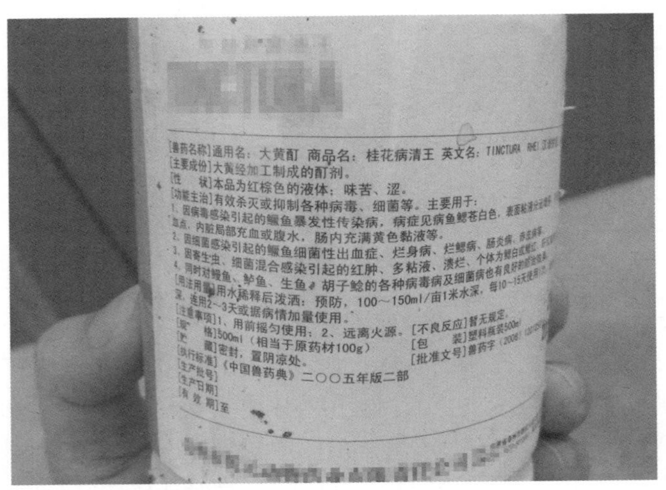

图 3－66　杀菌消毒药品

第五节　鳜低氨健康养殖及水处理技术

一、鳜低氨健康养殖

1. 摄食水平对鳜生长、排泄及氨氮收支的影响

影响鱼类生长和氨氮收支的因素主要有饵料组成、摄食水平、温度、体重等，其中摄食水平是重要因素之一，且在实际养殖生产中可以人为控制。随着摄食水平的增加，不同的鱼类生长呈现 2 种不同的增长趋势：减速曲线增长模式和直线增长模式。2 种不同生

长模式下的鱼类在实际生产中应该采取不同的投喂策略。对于减速曲线增长模式的鱼类，最大投喂量应小于饱食量，因为在最大摄食水平时食物转化率会下降；对于直线增长模式的鱼类，最大食物转化率和生长速率在最大摄食水平时获得，最大摄食水平可以作为最大投喂量。摄食水平是影响鳜幼鱼生长、排泄的重要因素，不合理的投喂水平容易产生饵料利用率低、养殖环境恶化等问题。

随着摄食水平的增加，鳜干物质、蛋白质、脂肪含量呈增加趋势，灰分含量呈降低趋势。饥饿时，鳜干物质、蛋白质、脂肪含量显著低于初始水平和其他摄食水平，灰分含量显著高于初始水平和其他摄食水平，说明在饥饿时鳜幼鱼消耗了体内大量蛋白质和脂肪，而矿物质仍留在体内。鳜幼鱼的湿重、干物质、蛋白质、脂肪转化率都有随着摄食水平增加而呈增大的趋势，且最大值都在饱食时获得。鳜幼鱼粪便产量随着摄食水平的增加而增加，两者呈现直线关系，产生这种结果可能是不同摄食水平下干物质吸收率变化幅度很小，但有部分鱼类粪便产量与摄食率呈曲线关系。

通常情况下，鱼类氨氮排泄率随摄食水平的增加而增加。鳜幼鱼的氨氮排泄随着摄食水平的增加显著增加，且呈现直线函数关系，鳜幼鱼的氨氮排泄与氨氮吸收之间表现为直线增长趋势。由于研究受个体大小、试验温度、饵料成分等多种因素的影响，一般来说，不同鱼类间很难进行准确比较。通常情况下，在摄入氨氮的分配中，排泄氨氮所占比例最高，粪便氨氮所占的比例最低，鳜幼鱼的排泄氨氮占摄食氨氮的比例最大，约为50%，粪便氮所占比例小于10%。随着摄食水平的增加，鳜幼鱼用于生长的氨氮所占比例呈现增加的趋势，同时排泄氨氮、粪便氨氮比例呈现下降的趋势。因此，在鳜实际养殖中，在控制适当养殖密度的情况下，饱食投喂更有利于提高饵料转化率，降低排泄物所占的比例，减轻养殖水环境的负担，更有利于达到健康养殖的效果。

2. 健康养殖技术要求

生态养殖是一个崭新的养殖理念。近几年，淡水养殖业发展越来越快，养殖过程中药物使用及残留问题越来越受到人们的重视。

人们呼吁健康、绿色水产品的声音日趋强烈，推广健康养殖技术是大势所趋。鳜养殖也是如此，要做好鳜健康养殖必须做好以下几项工作。

（1）苗种。欲养好鱼须选好种。选择严格按照鳜育苗操作规范培育苗种的单位，确保鳜苗种的纯度，购苗前，应对苗源进行细菌、寄生虫等进行检查，切忌大小不整齐，相差过于悬殊的鱼苗。放养模式的原则是主养鳜，适当搭配一些其他鱼类，利用不同鱼类在栖息、摄食习性上的差异，充分利用水体和饵料资源（图 3－67）。

图 3－67　选取健康鳜苗种

（2）饲料。投喂全价配合饲料是保证鳜健康生长的重要环节。要选择优质无污染不腐败的全价配合饲料。选择饲料时根据养殖对象的口径选择粒度。确定合理投饵量，不能忽多忽少，既要保证鱼类最大生长的营养需要，又不能过量投喂，过量投喂会造成饲料浪费，并有污染水环境的潜在危险。总之，在饲料投喂上要综合考虑全价配合饲料的质量、投饵量、水体环境、投喂次数等。只有这样，才能提高饲料利用率，降低养殖成本，增加经济效益（图 3－68）。

（3）用药。水产养殖的病害具有发现迟、给药难、疗效差的特点。因此，水产养殖中更要强调预防为主、防治结合、科学防病、谨慎用药的原则。在鳜养殖时的病害防控上主要采取生物修复技术，首先应采用生态修复技术，利用不同生物种群来改善环境、防治污染，这样既可以充分利用水域生态环境，又能有效降低养殖自

图 3－68　选取优质的配合饲料

身污染。应用生态学原理进行生态多元化立体养殖，使污染物尽可能在内部被消耗，循环利用。其次，利用微生物修复技术，微生物制剂是由一种或多种有益菌组成，通过向水体泼洒微生物制剂，起到改良水质、防治疾病、促进生长的作用（图 3－69）。

图 3－69　混合型饲料添加剂

（4）水质。有效调节和控制水质是健康养殖的关键一步。水是鱼类活动和生长的基础，故有“养好一池鱼，先管好一池水”的渔谚。现阶段对水产养殖环境的修复技术主要有物理修复法、化学修复法和生物修复法。物理、化学修复法是通过清淤、沉淀、过滤、吸附等物理过程去除污染物或施用化学试剂（生石灰、絮凝剂、含氯或含溴消毒剂等）等使污染物质发生一定的化学变化，从而转化为无害物质的过程，其特点主要为速度快，但费用较高且易干扰和破坏养殖环境的正常微生物区系，导致微生物的生态失调，产生二重感染。生物修复法较物理修复法和化学修复法具有成本低、污染小、修复效果好，以及适用范围广等特点，在池塘水产养殖中具有很好的应用前景（图3-70）。

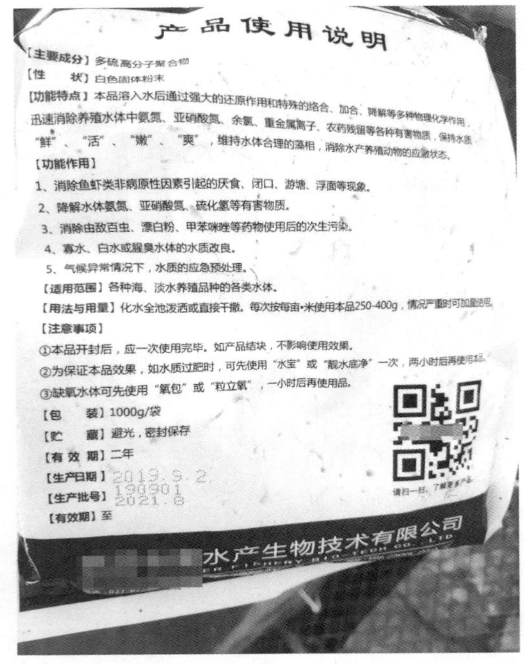

图3-70 多硫聚合物降解亚硝酸盐

3. 鳜多级分养策略

（1）鳜多级分养。鱼类的分级养殖策略普遍适用于水产经济养殖鱼类，有利于提高存活率、生长率和饲料利用率，为不同规格的鱼种提供充足的生长资源，避免种内斗争带来的潜在不利因素的影响。而对于天生具有自相残杀习性的凶猛肉食性鳜，当食物不足或规格大小相差悬殊时，这种习性表现尤为突出。自相残杀的习性会导致鱼苗产量受损，部分被咬伤的鱼体容易滋生病菌，随之而来的病害会严重影响仔鱼早期免疫系统的发育，导致幼年甚至成年鱼类疾病呈暴发之势。因此，有必要开展鳜苗种多级分级策略研究，探讨鳜鱼苗在育苗过程中的放养密度、生长速度、成活率，以及培育期间水质理化因子变化情况，通过将苗种划分为Ⅰ、Ⅱ、Ⅲ级的分级饲养，提出鳜苗种分级饲养技术，为苗种培育技术的完善以及健康生态化养殖提供了系统的基础数据（图 3－71）。

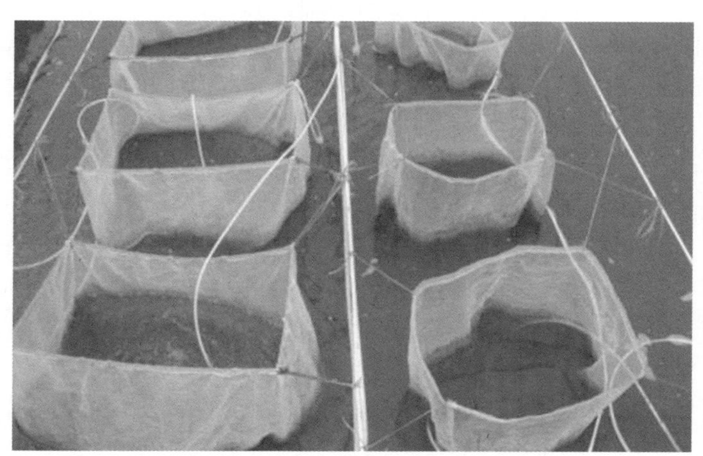

图 3－71　鳜多级饲养

根据前期观察的鱼苗相互残杀现象及其特点，选择 5～7 日龄的全长 0.7～0.9 厘米的鳜鱼苗进行一级培育。每间隔 5 天进行一次分级筛选，规格整齐的鱼苗进入下一级培育，头苗和尾苗分别放入相应的大规格与小规格鱼苗网箱培育。3 次分筛后，鳜鱼苗达到体长 3～4 厘米的大规格鱼种后即可转塘，进入鱼种塘养殖或商品鳜养殖阶段。每次苗种放养时，必须进行严格的筛选和消毒，将不同规格的苗种分开饲养。水池内 24 小时开启增氧机增氧，使水中溶解氧充足，鳜鱼苗初始分级培育的最佳密度为 1 500 尾/米^2 左右。

鳜鱼苗开口后以活鱼虾为饵料，饵料投喂以当地实际生产为准，由于广州地区鲮产量大且规格范围广，因此鳜采用配套饵料鱼鲮（麦瑞加拉鲮或土鲮）投喂。充足的饵料供应是保证鳜营养需求和减少自相残杀现象的主要措施，饵料鱼在保证需求的同时不应过量，因为水体负债力有限，饵料鱼也会占据一定量有效因子。按照鳜不同发育阶段的营养需求计算每天的投饵量，每天投喂或定期投喂。投喂饵料鱼的规格不能太小或太大，太小会影响鳜吃食导致鳜饿死或者残杀同类；太大则浪费生物量。故应根据鳜本身的规格，选择鳜体长一半左右的饵料鱼，投喂时间为黎明和傍晚。一级网箱培育阶段，投饵量每天为 10 尾饵料鱼/尾鳜鱼苗；二级网箱培育阶段，投饵量每天为 8 尾饵料鱼/尾鳜鱼苗；三级网箱培育阶段，投饵量每天为 7 尾饵料鱼/尾鳜鱼苗。

（2）多级分养策略对鳜生长的影响。不同培育密度对鳜鱼苗生长性能的影响，Ⅰ、Ⅱ、Ⅲ级培育期间，随着放养密度的增加，鱼苗生长速度降低。在每一级培育结束后，高密度的养殖使得鱼苗全长及增长率显著下降。经过 3 次分级培育，发现前两级培育期间，中等密度整齐度显著高于低密度组，随着分筛次数的进行，密度对整齐度的影响越来越小。随着培育时间的延长，各级鱼苗的全长显著增加，存活率从 52.48%提高到 71.87%，鱼苗整齐度也显著升高，Ⅲ级培育的鱼苗整齐度最高，达到 86.22%。Ⅰ级培育期间的全长增长率显著高于Ⅱ级和Ⅲ级的，说明鱼苗早期的生长速度较快。

（3）不同分级阶段鳜水质变化特征。培育期间各个培育阶段的水温基本一致；pH 为 7.70～7.90，整体呈现微碱性；水体溶解氧为 8.03～8.13 毫克/升；鳜鱼苗在Ⅲ级培育期间（全长＞3 厘米）水中氨氮浓度显著高于Ⅰ级和Ⅱ级期间的氨氮浓度。分级培育各阶段亚硝酸盐浓度都维持在 0.05 毫克/升左右。随着分级培育的进行，鳜鱼苗养殖水体中总氮含量显著性升高。

二、养殖尾水处理

1. 养殖尾水处理技术

水产养殖尾水中的主要污染物有氨氮、亚硝酸盐、有机物、磷及污损生物。氨氮是水生动物的排泄物，也是残饵、粪便及动植物尸体等有机物分解的终产物，容易造成水体恶化，对养殖动物产生毒性。亚硝酸盐对鱼类有很强的毒性，可导致鱼、虾血液中的亚铁血红蛋白被氧化成高铁血红蛋白，而后者不能运载氧气，从而造成组织缺氧，摄食能力下降，甚至死亡。有机物主要由残饵、浮游生物的代谢产物及养殖动物的排泄物分解产生，有机物含量高会造成水体恶化，导致鱼类生长缓慢，甚至死亡。通常养殖尾水中的营养性成分、溶解有机物、悬浮固体和病原体是处理的重点。

目前，国内外已有较多研究者对水产养殖尾水处理技术进行了大量研究和应用，主要包括物理处理技术、化学处理技术及生物处理技术等（图 3－72）。

图 3－72　水处理系统

（1）物理处理技术。物理处理技术是利用各种孔径大小不同的滤材，或阻隔或吸附水中杂质，以期保持水质洁净。其中，机械过滤和泡沫分离处理技术因效果明显而在工厂化规模养殖的尾水处理中获得广泛应用。由于大量的残饵粪便是以大颗粒状、悬浮态存在于水产养殖尾水中，机械过滤能有效去除水中有机物和氨氮，显然在尾水处理的前期是一种十分实用且简便的物理处理技术手段。实地调研结果表明，沉淀沙滤处理系统在水产养殖处理工程中实际应用较多。整套沉淀沙滤处理系统占地面积较大，有的达到厂区面积的30%甚至更多。一个年产不到50亿尾鱼苗的育苗厂区，沉淀池、蓄水池的总容积少则2 000～3 000米^3，多则近万立方米。除采用一般机械过滤去除较大悬浮物外，还通常采用弧形筛或微滤机等去除小颗粒悬浮物。常用的弧形筛筛缝间隙为0.25毫米，可有效去除约80%的粒径大于70微米的固体颗粒物质。微滤机的过滤精度达0.45微米，可以有效去除99%的水中悬浮物。在细小有机颗粒物等的去除方面，泡沫分离技术占据突出的优势。它能有效利用气泡的表面张力，吸附水中的纤维素、蛋白质等溶解态物和小颗粒态有机杂质。经泡沫分离技术处理后的尾水充满了丰富的氧气，只含有少量的二氧化碳、微量元素和维生素。

（2）化学处理技术。早前使用的水产养殖尾水化学处理手段，主要采用的是水流消毒法，以杀灭水体中的致病生物为主要目标。由于仅采用沉淀沙滤等水产养殖物理处理手段，水中的弧菌、藻类孢子等都无法被有效去除，所以大部分水产养殖企业在水中添加化学药剂杀菌，次氯酸钙是常用的化学药剂。化学药剂作为水质改良剂，对水产养殖尾水进行一定处理后，提高了尾水排放的质量，但长期连续使用不但容易使菌株产生耐药性，对于有保护层的孢子和虫卵更是难以杀灭，甚至对水产养殖环境造成二次污染，带给人体次生伤害。目前，在国内外研究中，采用比较多的水产养殖化学处理手段是臭氧处理技术。臭氧可以有效地氧化水产养殖海水中积累的氨氮、亚硝酸盐，降低有机碳含量、化学需氧量，去除水产养殖尾水中多种还原性污染物，起到净化水质、优化水产养殖环境的作用。臭氧具有的高效无二次污染等特性，使其在水产养殖尾水处理中的应用日益普遍。

（3）生物处理技术。国内开展的水产养殖生物处理技术主要有5种方式：水生植物、藻类、水生动物、微生物、人工湿地。其中，微生物净化水产养殖尾水技术最为成熟。近年来，利用水体有益微生物实施以菌制菌的生物修复技术逐渐成为水产养殖尾水处理研究与开发的热点。具有抑制致病菌生长、水质净化作用的微生物主要有硝化细菌、光合细菌、枯草杆菌、放线菌、芽孢杆菌、链球菌等。中国、日本及东南亚等国的养虾池和养鱼池普遍投放光合细菌以改善水质。据了解，厄瓜多尔、美国及日本的养虾场还通过微生物技术清洁水体，去除有机物，使水产品的养殖密度增加了20%，同时提高了水产品的品质。国内关于罗氏沼虾、中华鳖、加州鲈、中国明对虾养殖中应用光合细菌、芽孢杆菌等降低水中氨氮、硫化氢含量的研究，有益细菌起到了抑制病原繁殖的作用，具有改善水质、减少病害、提高水产养殖经济效益的效果。

2. 鳜养殖水体修复的主要措施

（1）物理修复和化学修复。目前，我国用“家鱼”苗种养殖鳜，既限制了鳜的养殖规模，又增加了养殖成本。在鳜养殖技术最成熟的珠三角地区，养殖户用鲮作为鳜的配套饵料鱼，该模式获得成功并在珠三角地区大力推广。适口饵料鱼的解决，使得珠三角地区鳜单产和总产量年年攀升，鳜池塘养殖密度逐步加大。采用集约化养殖的鳜池塘在珠三角地区遍地开花，池塘单产由最初的500千克普遍上升到1 500千克，甚至有些池塘达到2 000千克。过高的养殖密度给养殖池塘带来了极大的负担，鳜摄食高蛋白的活鱼饵料使得鳜氮磷排泄很高，池塘水质污染极快。在这种鳜养殖模式下，池塘往往需要快速清除有害氮磷化合物，一些工业水处理材料开始被应用到鳜养殖池塘上。

微电解水处理是一种新兴的技术，其核心是微电池。微电池由铁、碳、二氧化硅、二氧化锰、锌等材料复合改性而成，利用原电池原理，当水体中有机污染物与微电池界面接触时，通过氧化还原反应使水体中低价位的氨态氮、亚硝态氮氧化为高价位的硝酸态被浮游植物利用，养殖水体中的有毒有害物质（氨氮、亚硝酸盐等）大幅度降低，碳、氮达到平衡，从而加快养殖水体的物质循环，减少氨氮、亚硝酸盐的累积，促使水体成为有益于微生物、鱼类生长和繁殖的“活水”，保持优良的水质。目前，铁碳微电解技术在珠三角地区已投入应用，应用微电解技术的鳜池塘水质得到明显改善（图 3－73）。

图 3－73　优质的养殖池水

（2）动物修复。

① 鳜与鲢、鳙混养。先期投放鲢、鳙鱼种，待其长至一定规格后，再将鳜投放进养鱼池塘，或者直接将鳜作为配套鱼种投放入鲢、鳙亲鱼池。利用鳜捕食鲢、鳙池塘中的野杂鱼，减少野杂鱼与鲢、鳙的食物竞争、溶氧竞争等，达到增产增效的目的。

② 青虾、河蟹、鳜生态养殖技术。将河蟹养殖技术、水草种植技术、蟹虾混养技术、鳜养殖技术以及鲌养殖技术进行组装配套，根据河蟹、青虾、鳜、鲌等生长特点，进行合理的轮养、套养，以提高池塘养殖的经济效益。其技术原理主要是利用冬季水产空闲季节进行青虾养殖，开春后先将蟹种与鲌鱼种放入暂养池饲养，待池中水草长成后（4 月上旬），将蟹种转入池塘，实行蟹虾混养，将达到上市规格的青虾轮捕出售，6 月上旬在池塘中放养规

格 7 厘米左右鳜夏花，待鳜规格达到 15 厘米左右时，将鲌移入池中，由于鳜生活在水体下层、鲌生活在水体上层，两者混养规格相近，难以互相残杀，从而提高水体利用率。鳜、鲌可捕食池中野杂鱼，以低值鱼换高值鱼，解决了野杂鱼与河蟹争食、争溶解氧的矛盾，达到增产增效的目的。

（3）植物修复。水生植物对鳜养殖水环境修复的机理为在水生植物生长过程中，根据其自身的特点，将水体或底泥中的氮、磷等无机营养物质及重金属等污染物吸收，合成自身物质储存在植物体内，降低了水体或底泥中无机盐的含量。某些种类可以作为养殖对象的饲料，减少了饵料等外来有机物的投入，通过光合作用向水体中释放氧气，加快有机物分解，防止有害物质产生，从而使水体中各项理化因子趋于稳定。当水生植物离开水体时，其体内所吸收的原水体污染物质被带出水域，水体生态系统的结构和功能逐步得到恢复。

高等水生植物具有沉水、漂浮、浮叶、挺水 4 种生活形态。因此，也具有较复杂的生态特性，沉水植物位于水体底部，生物体全部生活在水环境中，在营养盐吸收上占有优势，是生物多样性赖以维持的基础，对底泥中污染物的去除具有重要作用，但受光照条件影响较大。漂浮植物生活于水体表面，能得到足够的光照，其繁殖力强，能在短时间内覆盖大面积水体。浮叶植物在光照和营养盐吸收上都占据优势，而挺水植物却能有效地减缓水体的流速，为微生物提供固定附着物，有利于悬浮固体的沉淀。高等水生植物的生长周期较长，对环境因子的波动有一定的承受能力，能够充分地发挥其修复作用。

大型藻类组织中含有丰富的氮库和磷库，可以高效地吸收储存大量的营养盐。氮库一般包括无机氮库、氨基酸氮库、非蛋白可溶性有机氮库和蛋白质氮库等。如江蓠对水中无机氮、无机磷有较好的净化作用，能使鳜养殖池中的水体保持较低浓度的无机氮、无机磷，维持良好的水质状况。微藻是养殖水体中的初级生产者，具有吸收氨氮及亚硝酸氮等有毒污染物质、提高水体溶解氧、稳定水体理化因子、修复水环境的作用。由于其个体很小，在实际应用中往往将其固定化。

（4）微生物修复。

① 微生态制剂在水产上的应用现状。微生态制剂一词是由益生菌发展而来的，益生菌在水产中既可作为饲料添加剂调节肠道微生物群落，也可作为调控养殖水体中生物群落和净化养殖水体的物质。在水产养殖中，目前主要应用的微生态制剂有芽孢杆菌、光合细菌、硝化细菌、乳酸菌、酵母菌、链球菌、放线菌以及 EM 菌等，在改良水质及作为饲料添加剂方面取得了良好效果，具有巨大的开发和应用价值。

② 芽孢杆菌。芽孢杆菌作为土壤中的优势种群，具有丰富的蛋白酶、脂肪酶、淀粉酶以及纤维素酶，能直接分解水体中的硝酸盐以及亚硝酸盐等氮系污染物，同时能对病原菌产生颉颃作用。芽孢杆菌在最优条件下对氨氮的去除率高达 96.06%，对养殖废水中的亚硝酸盐氮的去除率可达 87.78%。

采用某种混合芽孢杆菌制剂作用于鳜及饵料鱼养殖池塘，通过检测池塘水质及浮游生物群落组成的变化发现随着投放芽孢杆菌时间的增加，试验池塘透明度逐渐高于对照池塘，该制剂能在一定程度上改善池塘的透明度。

芽孢杆菌是普遍存在的一类好气性细菌，作为水质微生态调控剂，可通过参与水体中的氮循环从而降低水体的氨氮含量。同时，因为有些菌株有类似于硝化细菌的功能，可降低水体中亚硝酸盐含量。连续 2 次投菌后，鳜养殖池塘中的氨氮及亚硝酸盐含量均降低，亚硝酸盐的含量较投菌前分别下降 70.9%和 77.5%，下降率分别高于对照组 28.5 和 35.1 个百分点。但该制剂对氨氮的降解效果不及亚硝酸盐明显（图 3－74）。

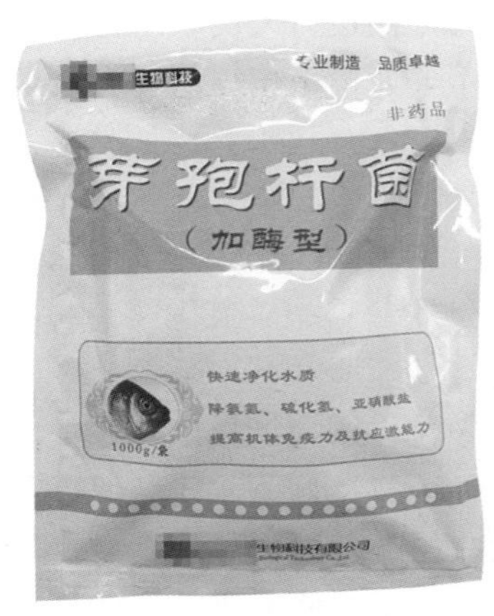

图 3－74　商品化芽孢杆菌

③ 硝化细菌。硝化细菌属于化

能自养好氧型细菌，能将氨氮、亚硝酸盐转化为硝酸盐，从而达到净化水质的目的。在鳜及饵料鱼池塘中施用自养型硝化细菌后，比较对照塘和试验塘透明度、pH、水温、氨氮、亚硝酸盐、硝酸盐和总氮等参数，发现施用初期，该菌能在一定程度上提高鳜及饵料鱼池塘的透明度。

硝化细菌是一类以二氧化碳为唯一能源，通过将铵根离子、亚硝酸根离子氧化为硝酸根离子获取能量的化能自养细菌，其分布广泛，在有机质含量较低、存在无机氮的环境中更为常见。影响硝化细菌硝化代谢的因素主要有温度、pH、有机质和光照等。施用硝化细菌后，鳜及饵料鱼池塘游离态氨和亚硝态氮浓度均降低，施用硝化细菌后第 6 天效果尤为明显。硝化细菌发挥了硝化作用，试验池塘硝态氮浓度明显增加。第 8 天后，对照和试验池塘的各种指标变化基本一致，这可能是由于施入硝化细菌的作用减弱甚至消失，表明生产中应定时向水体中补充硝化细菌，间隔应为 7～8 天。此外，硝化细菌对游离态氨和亚硝态氮的控制作用具有滞后性，投菌 2 天后控制作用逐渐明显，这可能与硝化细菌的繁殖速度有关。硝化细菌繁殖一代需要 20 小时，故实际生产中应考虑提前投放。

第四章 鳜饲料养殖实例

第一节 鳜饲料养殖发展

随着生活水平的提高，人们对食品的品质和安全要求也越来越高，鳜作为淡水鱼的名贵高档鱼类，越来越受到人们的喜爱，鳜的市场消费量越来越大。但是在养殖终端却因为各种原因难以快速提升产量，从而造成目前鳜价格居高不下的现状。因此，进行饲料养殖鳜是很有必要的。一方面，饲料养殖鳜能很大限度地降低饵料成本以降低鳜价格；另一方面，鳜以活鱼为主要饵料是引发鳜暴发性流行病的重要原因之一，导致发病率日益增高，而药物治疗不仅效果一般，并且带来鳜体内大量的药物残留。投喂人工饲料，不仅将从源头上降低鳜发病率，也可解决用活饵料鱼投喂鳜带来的药残问题，从而提高养殖产量和质量，降低养殖成本，促进鳜产业健康发展。

社会的发展与变革也是促进鳜养殖模式改变的重要因素。目前，鳜主要采用土塘喂活饵料鱼养殖模式。该模式在土地、粪肥等各种资源比较多的时候得到快速发展，并占鳜养殖方式的95%以上；如今鳜消费量越来越大，养殖端土地资源开始紧缺，同时禁养法令的出台和实施，极大地限制了鳜养殖的发展，从而导致鳜价格居高不下，但是价格高并不意味着效益好，这一点从2019年广东鳜养殖情况就可以看出，主要是禁养法令的实施导致鳜产业链上的饵料鱼养殖成本升高，饵料鱼养殖量减少，致使饵料鱼价格居高不

下，比 2018 年同期平均增加了大约 1.6 元/千克，而按照养殖 1 千克鳜需要 5 千克饵料鱼计算，会增加 8 元/千克的成本，饵料鱼成本每千克鳜共需 34～42 元，鳜活饵养殖的总体成本更是达到 38～46 元/千克，导致鳜养殖成本居高不下，而当前鳜饲料成本为每千克鳜 20～28 元，鳜饲料养殖的总体成本为 24～32 元。因此，解决饲料替代活饵养殖成为目前鳜养殖最大的瓶颈和机会。如果饲料养殖鳜全面成功，将带来约 40 万吨的饲料市场，这无疑将给鳜行业带来一场变革。

近年来，越来越多的科研院所和饲料企业，加入鳜饲料及其养殖的研发队伍，取得了一些阶段性成果，饲料养殖鳜成功案例不断涌现，但我国鳜饲料覆盖率仍较低，还需要相关研究单位和饲料企业在该领域持续发力。

一、饲料驯化及其发展历程

鱼类食物识别与其感觉器官发育、消化道以及活动能力等相关联，通过给予并逐渐强化鱼类对其感觉器官易于感受的食物信号的联想学习，可驱使鱼类接受摄食人工饲料，甚至还有可能至少在理论上使鱼类对人工饲料的喜食性超过其天然饵料。

1. 鳜活饵料养殖与投喂技术

1993 年，在湖北麻城浮桥河水库中游水深为 10～15 米、透明度 200 厘米以上，水质良好的水域，选用浮桥河水库网箱养殖的平均体重为 l82 克的隔年鱼种，每箱放 15 尾，共 6 箱，分成两组，以平均体重为 13.0 克的鳙鱼种作为饵料鱼进行养殖试验。第 1 组采用过量投喂法，养殖过程中始终保持网箱里存在过量活饵料鱼，第 2 组采用饱食投喂法，每次投喂出现鳜不再抢食即终止，不使同箱中存在过量活饵料鱼。2 组网箱每天均投喂 1 次。

常规过量投喂法养鳜平均每尾终重为 560 克，净增重 374 克，日增重 3.1 克/尾；试验饱食投喂法鳜尾均终重为 568 克，净增重 390 克，日增重 3.3 克/尾。2 种投喂方法养殖鳜的终重、净增重和日增重均无显著性差异。用常规过量投喂法养殖鳜的饵料系数为5.7，试验饱食投喂法养殖鳜的饵料系数为4.0。两者存在显著性差异。用常规过量投喂法养殖鳜的成活率为87%，试验饱食投喂法养殖鳜的成活率为100%，显著高于常规过量投喂法。

若在生产中应用饱食投喂方式养殖鳜，不仅不会影响鳜生长速度，反而降低饵料系数30%，并且可使鳜的成活率提高13%。利用活饵料鱼饱食投喂方式无疑是一种商品鳜养殖的经济投喂模式。

2. 鲜饲料投喂法

选取1992年浮桥河水库网箱养殖平均体重为176克的鳜鱼种，每箱放15尾，共9箱，分成3组，分别投喂活饵料鱼、死饵料鱼和饵料鱼块。活饵料鱼为鳙鱼种，体重约13.0克/尾；死饵料鱼为急性处死的活饵料鱼（用拇指和食指用力挤压鱼脑致死）；饵料鱼块是用剪刀将活饵料鱼剪成2～3段。3组网箱均等量投喂少量的活饵料鱼，投喂量占各组总投喂量的5%～7%。7月29日开始，试验组鳜鱼种开始驯食，通过专门的技术程序驯食5～7天，试验组鳜的日摄食量可达到对照组的80%左右。试验的鳜鱼种每天均饱食投喂1次。试验从1993年7月16日开始，1993年11月13日结束，历时120天。

投喂活饵料鱼的对照组中鳜的摄食率为4.5%，投喂死饵料鱼和饵料鱼块的试验组鳜摄食率分别为4.5%和4.2%，三者无显著差异。投喂活鱼的对照组鳜尾终重568克，净增重390克，日增重3.3克/尾，投喂死饵料鱼和饵料鱼块的试验组鳜尾终重分别为428克和473克，净增重分别为255克和294克，日增重分别为2.1克/尾和2.5克/尾。投喂死饵料鱼和饵料鱼块2种鲜饲料的尾终重、净增重、日增重均无显著性差异，但与投喂活饵料鱼的对照组均有显著差异。投喂活饵料鱼、死饵料鱼和饵料鱼块3种饲料的鳜的饵料系数分别为4.0、4.9和4.4，3组均无显著差异，但鲜饲料组别的饵料系数组内离差较大。利用死饵料鱼和饵料鱼块2种鲜饲料网箱养殖鳜的成活率与利用活饵料鱼喂养鳜的对照组一样，均为100%。

试验结果证实，通过专门驯食技术程序，网箱养殖的鳜能很快习惯于摄食鲜饲料，利用鲜饲料网箱养殖鳜是完全可行的，但生长速度仍不如对照组，投喂死饵料鱼和饵料鱼块的鳜的生长速度比投喂活饵料鱼的鳜分别慢 24％和 16％。3 种饲料喂养鳜的增重均十分明显，增重率均在 150％以上，尾均重全部达到商品规格。虽然鲜饲料对水质多少有些影响，但并不影响鳜的成活率。利用鲜饲料（死饵料鱼和饵料鱼块）网箱养殖鳜，饲料成本尚不及活饵料鱼的 25％，经济效益十分显著。对于利用鲜饲料喂养鳜的生长速度较慢的不足，可以采用大规格鳜鱼种进行养殖来弥补，这样当年也能达到商品规格。

3. 冰鲜饲料投喂法

（1）冰鲜饲料的初步研究。在 1993 年鲜饲料、1994 年配合饲料水库网箱养殖商品鳜获得初步成功的基础上，梁旭方及其团队成员于 1996 年进一步在广东湛江北马围水库开展冰鲜饲料当年苗种网箱养殖商品鳜生产性试验，旨在使该项技术完全达到实用化水平并能大规模推广、应用。

选取人工繁育的当年鳜苗种共 9 135 尾，均匀投放入 20 个网箱。放入网箱后，开始阶段投喂适口的活饵料鱼，主要是从当地购得的麦鲮苗种。对饲养 1 个月后试验鳜称重，再通过专门的技术程序驯食 5～7 天，进行冰鲜饲料养殖试验。投喂前，将不同种海杂鱼、淡水低质经济饲料鱼剔除鱼头、椎骨，并切成适当大小的鱼肉块，按一定比例混合投喂，并补充含维生素、抗生素等成分的鳜冰鲜饲料添加剂。每天凌晨和黄昏各饱食投喂 1 次，投喂时，务求饲料在漂浮下沉状态中被鳜所吞食，当鳜不再上浮抢食时即终止投喂。从 1996 年 7 月 12 日开始，到 1997 年 3 月 9 日结束，历时 240 天。试验结束后，鳜苗种由 44.7 克/尾长至 704.5 克/尾，每尾净增重 659.8 克，每尾日增重 2.75 克，增重倍数为 14.76 倍，饵料系数总计为 3.23。冰鲜饲料喂养当年苗种 122 天、151 天、187 天、240 天，鳜的商品率分别为 35.90％、64.10％、69.23％、89.75％。

冰鲜饲料养殖商品鳜的饲料效率与活饵料鱼相当，但其价格仅为活饵料鱼的25%～30%，扣除增加的人工费、储存费等费用外，也可节约饲料成本一半以上，经济效益十分显著。广东珠江三角洲地区，当年鳜苗种利用活饵料鱼在池塘中养成商品鱼，一般需要180天左右，商品率约80%。若以鳜商品率达到80%计算上市期，本试验利用冰鲜饲料进行网箱养殖商品鳜约需210天。虽然冰鲜饲料养殖鳜的生长速度较活饵料鱼略慢，但在广东南部地区，由于鳜生长期长，基本上可以全年养殖生产，故当年也能在春节前后上市。

1997年3月10—12日，广东省水库养鱼现场会在湛江市召开，经参加会议的专家代表品尝，认为利用冰鲜饲料代替活饵料鱼养殖商品鳜，对鳜的肉质并未产生不良影响，但由于试验水库富营养化程度较高，水的混浊度较大，致使水库网箱养成的鳜也与池塘养成的鳜一样略带泥腥味，建议今后进行大规模冰鲜饲料养鳜时，应尽可能选择水质清新的水库，至少商品鱼应在水质良好的水体中暂养一段时间后再上市。

（2）冰鲜饲料投喂法的完善与推广。1997—1998年，梁旭方及其团队进一步在广东湛江甘村水库开展当年鳜苗种人工饲料网箱养殖生产性试验。1997年5月1日，从广东南海购回30 000尾鳜鱼苗，在池塘中用活饵料鱼喂养30天培育成体长8～10厘米鳜鱼种。筛选出用于人工饲料网箱养殖试验鳜鱼种5 290尾，驯食期每箱放养240～250尾，并且养殖密度随着鳜的生长而逐渐降低至100尾/米^2。另外，约1 500尾鳜鱼种在池塘中继续用活饵料鱼喂养作为对照。

试验用人工饲料粉料中，蛋白质和脂肪含量分别为50%和4%，含31.7%鱼糜的人工饲料湿粒中，蛋白质和脂肪含量分别为饲料干重的52.9%和5.9%。投喂前现场将充分粉碎和混合的原料制成长条形软颗粒饲料，随着鳜的生长，饲料直径由4毫米增大到9毫米。试验鳜通过专门的技术程序驯食人工饲料，依次投喂活鱼、完整死鱼、鱼块、鱼糜饲料，然后逐步掺入配合好的人工饲料

粉料，最终过渡到鱼糜含量23.1%的人工饲料。试验鳜每天清晨和黄昏各饱食投喂1次，投喂时务求饲料在漂浮下沉状态中为鳜所吞食，当鳜不再上浮抢食时即终止投喂。

本试验分3批共驯食鳜5 290尾，驯食成功率分别为95.8%、91.5%、79.6%，总成功率为83.5%。第3批鳜由于捕捞时受伤严重等因素影响，成功率远低于前2批。人工饲料喂养203天后，试验鳜鱼种由65.11克/尾长至442.16克/尾，每尾净增重377.05克，每尾日增重1.86克，增重倍数为5.8倍，饵料系数合计为1.68。

由于人工饲料成本比活饵低56%，人工饲料养殖鳜经济效益十分显著。另外，人工饲料养殖鳜成活率较高达81%，并且无大规模鱼病发生，而同批鳜鱼种完全按常规方式进行池塘养殖，则同广东相当一部分养鳜池塘一样发生暴发性流行病。人工饲料网箱养殖鳜成活率较活饵料鱼池塘养殖提高14倍。

人工饲料养殖鳜的技术关键是驯食，需按规定程序认真操作，使用驯食剂可明显提高驯食效果。驯食期投喂鱼块时，若采用冰鲜海杂鱼，应选择体薄而肉结实的种类，如结尾鱼、花鲳等。

人工饲料养殖鳜应尽可能提高放养密度并减小养殖水体。据生产性试验结果，240～250尾/米^{2}的高密度驯养效果远优于50～80尾/米^{2}的效果，1米×1米×1.3米的小体积网箱驯养效果显著好于2米×2米×2米的网箱。由于高密度小水体养殖易发病，故应选择水质清新的水库开展养殖，同时做好洗箱等日常管理工作。另外，由于养殖过程中很易出现鳜个体大小悬殊现象，应及时分箱以免因互相残食而降低成活率。

本生产性试验，由1名工人在技术人员指导下进行操作和管理，短期内驯食成功鳜鱼种4 418尾。1998年由2名工人仅1批即驯食成功9 900余尾，生长很快，20%鳜个体饲养3个月体重平均达到371克，最大个体重700克。上述试验的成功标志着人工饲料网箱养殖商品鳜技术已完全达到实用化水平。

4. 探索人工配合饲料蛋白需求与脂肪需求

1994 年，选取 1993 年该水库网箱养殖中未达商品规格、平均体重为 160 克的隔年鱼种，每只网箱随机放入 15 尾，共 12 个网箱，分成 3 组，将充分粉碎和混合的原料现场制成直径为 3 毫米的软颗粒饲料投喂。饲料 1 和饲料 2 的蛋白质含量均为 47%，脂肪含量分别为 12%和 22%。2 种饲料的加工工艺和物性均不同，饲料 2 较饲料 1 手感细腻且沉降速率慢。活饵料鱼为鳙鱼种，体重约 13.0 克/尾。第 1 组投喂活饵料鱼，作为对照组，第 2 组和第 3 组分别投喂 2 种人工配合饲料，作为试验组。对照组和试验组鳜均在每天黄昏均饱食投喂 1 次。试验组鳜在试验后期每天清晨再补充投喂 1 次。试验组鳜通过专门的技术程序驯食人工配合饲料，依次投喂活鱼、完整死鱼、鱼块、鱼糜饲料，然后逐步掺入配合好的人工饲料粉料，最终过渡到鱼肉含量为 14%的人工配合饲料。鳜由摄食鱼块转变到摄食掺入约一半鱼肉的人工配合饲料仅需 4～7 天。为了使鳜能更好地适应摄取人工配合饲料，转食前利用死鱼和鱼块喂养 16～58 天，投喂量占总投喂量的 25%左右。试验从 1994 年 5 月 8 日至 10 月 30 日，历时 175 天。

投喂活鱼的对照组鳜尾终重 377 克，净增重 220 克，日增重 1.3 克，投喂饲料 1 和饲料 2 两种配合饲料的试验组鳜尾终重分别为 314 克和 304 克，净增重分别为 156 克和 133 克，日增重分别为 1.0 克和 0.8 克。2 种配合饲料喂养鳜的尾终重、净增重和日增重均无显著性差异，这是由于数据组内离差较大造成的。饲料 1 喂养鳜的终重、净增重和日增重与对照组均无显著差异，而饲料 2 喂养鳜的终重、净增重和日增重与对照组均有显著差异，与投喂活鱼的对照组比较，饲料 1 和饲料 2 喂养鳜的生长速度分别慢 23%和 38%。

投喂活鱼养殖鳜的对照组饵料系数为 2.2（饵料鱼以鲜重计为 6.5）。投喂饲料 1 和饲料 2 两种配合饲料养殖鳜的试验组的饵料系数分别为 3.8 和 3.9，均明显高于一般利用配合饲料集约化养殖商品鱼的饵料系数。虽然对照组的饵料系数高于我们 1993 年同法养鳜的饵料系数，但试验组的表观饵料系数较对照组仍升高 42%～44%。饲料 1 和饲料 2 的实际饵料系数为 2.7 和 3.0，实际摄入率为 71.1%和 79.9%。投喂活饵料鱼养鳜的对照组成活率为 96%，与笔者 1993 年同法养鳜的成活率相似。投喂饲料 1 和饲料 2 两种配合饲料的成活率分别为 93%和 91%，驯化率分别为 78.6%和 88.4%。根据饵料系数计算，饲料 1 和饲料 2 分别比活饵料鱼成本降低 67%和 52%。但由于鳜的生长速度降低 23%～38%，即使采用大规格鳜鱼种进行养殖，82%个体当年也不能达到商品规格，因而不可能产生应有的显著经济效益。

上述试验结果表明，饲料 1 的饲料转化率较高，约为活饵料鱼的 82%，而饲料 2 的实际摄入率较高，约为活饵料鱼的 80%。且饲料 2 喂养鳜的驯化率高于饲料 1。饲料 1 较高的饲料转化率说明鳜人工配合饲料脂肪含量不宜过高，而饲料 2 较高的实际摄入率则说明饲料口感细腻和沉降速率慢，有利于鳜摄食。成活率无显著性差异说明高脂肪饲料对鳜的成活影响不大（图 4－1、图 4－2）。

图 4－1　1993 年开展“鳜鱼人工饲料研究”试验验收会

图 4 - 2　1995 年鳜鱼人工饲料工艺学研究鉴定会

二、鳜营养需求完善与人工饲料配制技术

鳜人工饲料对原料的要求极高，蛋白源以进口白鱼粉为佳，而且应十分新鲜，不能用褐鱼粉替代，否则会严重影响饲料的适口性和消化率，降低饲料转化率；并且还会导致鳜厌食、生长减慢，且易发生疾病。鳜成鱼饲料中可适量使用优质虾粉、酵母粉及玉米蛋白粉等。虾粉用量一般在 20%以下，酵母粉及玉米蛋白粉均不宜超过 10%。鳜的能量饲料以新鲜动物油脂（如鸡肠脂肪）和鱼肝油混合使用为佳，后者在鱼种饲料中最好不低于 5%。由于鳜对糖类几乎不能有效利用，饲料中用作黏合剂的糖类含量最好不超过 5%。鳜饲料的黏合剂宜采用羧甲基纤维素；α-淀粉可适量混合使用，但不宜单独使用。鳜人工饲料还需加入一定量的促摄饵物质（鱼肉等），并对饲料的软硬度、外形、质地等有特殊要求。鳜配合饲料一般制成粉料短期储存，投喂前掺入一定量的鲜杂鱼肉糜和油脂，制成湿性软颗粒饲料。原料应充分粉碎，并完全通过 80 目标

准筛。鱼肉含量一般为40%左右，不能低于14%，否则会严重影响摄食率。当饲料含水率为30%左右时，其软硬度较适于鳜摄食。饲料应制成长条状，长宽比以（2～3）∶1为佳，直径为鳜口裂的1/3左右。颜色最好为近白色或浅色，尽可能避免使用颜色太深的原料。在生产中应根据当地鲜杂鱼的供应及价格情况，适当加大饲料中鱼肉的含量，以减少鱼粉用量。这还可以在一定程度上增强鳜的食欲并促进其生长。同时，应减少饲料中油脂的添加量并补充抗生素，以预防疾病发生。

近年来，笔者团队较为系统地开展了鳜全养殖周期饵料的研究，包括鳜开口饵料研究，目标是解决开口到3厘米之前的非活饵料鱼养殖；基于较为全面的鳜营养需求研究，包括蛋白质和氨基酸需求、脂肪和高度不饱和脂肪酸需求、糖类需求、活性物质需求和代谢，对养成阶段鳜高效配合饲料进行开发和应用。此外，围绕蛋白质高效利用和减少氨排放开展研究，创建环保饲料和绿色养殖。开展植物蛋白替代后，氨基酸平衡等技术，达到摄食、生长和氨排泄平衡；在饲料中提高植物油使用技术；同时，基于鳜排泄机理和调控，结合品种调控，优化形成环保饲料及绿色养殖模式。

第二节 鳜饲料养殖实例

一、华中农业大学农业农村部鳜繁育基地鳜鱼饲料养殖介绍

1. 简介

华中农业大学农业农村部鳜繁育基地位于华中农业大学内，主要进行鳜繁殖和苗种的培育工作。其隶属于农业农村部，拥有2栋玻璃温室大棚，每栋温室大棚面积约896米^2，两栋鳜苗种繁育配套新建232米排水沟和1 459米进排水系统，配套池槽有4个3米

×3 米孵化池、16 个 1.2 米×4 米苗种培育池、8 个 6 米×6 米亲鱼培育池设施以及 64 个 2 米×1.1 米鱼苗培养桶。每栋大棚拥有两套水处理系统，水处理系统包括旋流集污器、池底捕集器、分水箱、增氧设备和水循环处理系统配套及辅助设施（包括微滤机、紫外线杀菌器、泡沫分离器、微生物处理池）。另外，还装备有两套水温控制系统，该系统直接与循环水相连，能直接控制水体的温度，可支持鳜亲本培育繁殖、鱼苗孵化以及苗种培育等一系列操作（图 4-3）。

图 4-3　鳜育种创新基地

2. 驯化情况介绍

华中农业大学农业农村部鳜鱼育种基地于 2019 年共计驯化易驯食鳜品系“华康 2 号”20 000 尾，分为 4 个批次开展驯化工作。驯化采用 6 米×6 米的水泥驯化池。驯化鳜鱼苗规格为8～12 厘米，

初次驯化率为65%以上，累积驯化率在85%以上。驯化过程中水质保持良好，特别是氨氮浓度和亚硝酸盐浓度一直保持在较低水平，且全程无疾病暴发。

3. 驯化步骤

针对鳜驯食性状的决定机理，利用程序化的驯食操作在已扩繁的易驯食人工饲料的鳜群体中进行人工饲料驯食。该基地人工饲料驯食操作程序见表3-1。注意事项：

① 在驯化初期，必须使用濒死的饵料鱼，饵料鱼没有完全丧失活动能力，鳜仍旧会摄食，该步骤的目的是使鳜游至水面进行摄食至形成习惯。

② 饵料鱼的投喂应该采用定时定量且少量多次持续抛撒的模式，投喂时间应尽量选择日出或黄昏时期。另外，少量多次的饵料鱼持续抛撒模式会使鳜形成抢食的习惯，从而更有利于驯化工作的开展。

③ 投饵标识物的确立。在投喂前应该给鳜一个信号，使得鳜游至上层水面进行摄食，鳜一旦形成这个习惯，驯化工作的成功率将大大增加。这个投饵标识物可以是击打某物，也可以是水流的喷洒或者是投饵手势。

④ 饵料过渡期应该比其他阶段的时间要稍长，更有利于食性的转化和稳定。

⑤ 鱼块驯食过渡步骤的加入。鱼块作为冰鲜和饲料中间的过渡饵料，对驯化工作的顺利开展有一定意义。尽管很多时候直接过渡也能成功，但是鳜鱼苗中后期摄食饲料稳定性相对较低。另外，一旦鳜习惯性摄食鱼块，一般情况下，不会丢失这个习惯，后期的二次驯化或者三次驯化都可以考虑直接从鱼块步骤开始进行，以缩短驯化时间。

⑥ 驯化过程中，水质的维护至关重要，特别是水体中氨氮和亚硝酸盐含量。一旦含量过高，鳜患病概率急剧增加。可以通过使用一些有益菌产品分解水体中的氨氮和亚硝酸盐以维持水体的稳定。

4. 分析与总结

诸多鳜饲料企业或者鳜养殖户针对鳜驯化相关步骤的总结可能侧重不同，时间设置也有所不同，呈现出来的驯化效果也是参差不齐。笔者认为，鳜是作为一种经过多年研究与探索才攻克饲料投喂的一种名贵淡水鱼类，其饲料摄食的稳定性是当前鳜养殖的第一要务。目前，有很多专门进行鳜驯化的公司或者个人追求当下的鳜驯化率和驯化时间，但是当鳜被转移至池塘进行饲料养殖时却发现饲料摄食率大大下降，从而造成极大的经济损失，可以说这就是环境转变和鳜摄食饲料的不稳定所致。将华中农业大学农业农村部鳜鱼育种基地的驯化步骤与其他单位和个人进行对比，笔者发现农业农村部鳜鱼育种基地驯化出来的鳜其稳定性最好，随着鳜养殖环境的改变，其饲料食性并没有受到较大影响。

另外，农业农村部鳜鱼育种基地有易驯化鳜品种“华康 2 号”，其驯化率相对于其他鳜的驯化率明显提升，并且其驯化步骤与“华康 2 号”的品种完全配套，更加有利于驯化的开展。

二、云博水产有限公司鳜饲料养殖介绍

1. 简介

西双版纳云博水产养殖开发有限公司位于云南省西双版纳勐海县，是一家专业从事水产苗种繁育、水产品的引种、育种、养殖与开发工作的公司。该公司现拥有面积为 360 000 米^2 的育苗繁殖基地，20 000 米^2 的鱼类越冬土池大棚，1 200 米^2 的暂养池、产卵池、培育孵化池等基础设备。公司现有正高级工职称 10 人，高级工 15 人，中初级职称 20 人，并配有众多熟练技术工人。目前，该公司驯养了诸多名优特种鱼类，如长薄鳅、中华沙鳅、巨鲇（面瓜鱼）、圆口铜等。

2. 驯化情况

西双版纳云博水产养殖开发有限公司于 2019 年驯化易驯食品系“华康 2 号”鳜共 16 000 尾，一个批次完成驯化工作。驯化池

为圆形水泥驯化池，池边有切向水管，时刻注入新鲜水流保证驯化过程中水质健康。驯化鳜鱼苗规格为10～14厘米，初次驯化率达65%以上，累积驯化率达80%以上，且全程无疾病暴发。

3. 驯化方法

采取西双版纳云博水产养殖开发有限公司采用的鳜驯化方法，在华中农业大学农业农村部鳜鱼育种基地相关人员的驯化培训基础上，再根据当地饵料鱼供应、气候环境以及水质情况进行了相应调整，实行以下操作程序（表4-1）。

表4-1 云博水产养殖开发有限公司鳜人工饲料驯食操作程序

时间	饵料及其投喂方法
第1天	投喂正常量的适口活饵料鱼，保证鳜状态
第2～3天	投喂濒临死亡适口饵料鱼，采用定时定点抛撒模式
第4～8天	以每天50%的比例逐步用冰鲜饵料鱼代替死饵料鱼
第9～12天	以每天25%的比例逐步用软颗粒饲料代替冰鲜
第13～15天	软颗粒饲料的全程投喂
第16天	进行第1次筛选
第17～19天	未驯化鳜冰鲜鱼投喂恢复体力
第20～21天	以每天50%的比例逐步用软颗粒饲料代替冰鲜
第22天	软颗粒饲料全程投喂
第23天	进行第2次筛选

注意事项：

① 在云博水产养殖开发有限公司的驯化步骤中，笔者发现冰鲜饵料鱼的投喂周期较长能延长鳜的适应时间，鳜在完全适应非天然活饵后，能减少其氧化应激反应。

② 该驯化工作同样是在室内进行，而云南西双版纳地区可避免夏季极端暴雨天气带来的恶劣影响。另外，云博水产养殖开发有限公司依旧采用饵料鱼少量多次的持续抛撒驯化模式，能使鳜形成抢食的习惯，从而更有利于驯化工作的推进。

③ 投饵标识物的确立。云博水产养殖开发有限公司在每次驯化前会打开切向供水管道，使鳜形成摄食习惯，同时能够保证水质。另外，由于鱼类的逆流属性，水流的出现使得所有小鳜集中在水流下方，有利于驯化工作的开展。

④ 鉴于饲料投喂初期存在较多的软颗粒饲料未被鳜摄食，而沉积于水泥池底部的现象，切向水流的出现，可使所有残余颗粒饲料聚堆于圆池中央，方便及时打捞，从而避免水质恶化。

⑤ 在云博水产养殖开发有限公司的驯化步骤中，鱼块驯化步骤被取消，这可能是受合适鱼块资源的限制，取而代之的是软颗粒饲料适应时间的大大延长，这也能在一定程度上加强鳜摄食饲料的稳定性。

4. 分析与总结

云博水产养殖开发有限公司的驯化成果较高，初级驯化率达到了现阶段的顶级水平，这应该是“华康 2 号”易驯鳜品种和驯化步骤因地制宜结合的结果。同时，这也能为其他开展鳜驯化工作的个人或企业提供一定的参考。首先，驯化过程中注重水质的维护。云博水产养殖开发有限公司的驯化方法中的切向水流值得借鉴，在驯化场地架设一根流量较大的管道，管道方向与驯化池相切，在水体进入驯化池后会造成水体旋转，从而使水体中的大颗粒杂质和饲料集中于池中央以方便处理，从而维持水质稳定。

另外，鳜品种对于驯化是否成功确实至关重要。云博水产养殖开发有限公司和农业农村部鳜育种基地的鳜具有较高的驯化率和稳定性，都说明“华康 2 号”易驯鳜品种的优势，这将有益于饲料鳜产业发展。

三、仙桃金龙园生态养殖公司鳜饲料养殖介绍

1. 简介

仙桃金龙园生态养殖有限公司坐落于仙桃市沙湖镇朱排口村，是一个以养殖商品鳜及繁育鳜苗种为一体的生态养殖基地，占地

600 余亩，注册资金 500 万元。现有管理人员及职工共 15 人，年生产商品鳜能力达 20 余万吨，繁育优质鳜种苗 1 000 余万尾，可年创产值近 2 800 余万元，实现利润达 1 000 余万元。其基础设施完善，技术力量雄厚，发展方向多元，具备雄厚发展潜力。

2. 驯化情况介绍

仙桃市金龙园生态养殖公司主要以驯化“华康 2 号”鳜鱼苗为主，数量总计 24 000 尾左右，规格为 6～13 厘米，总共分在 4 个网箱进行驯化，网箱规格为 5 米×7 米×2.5 米，网箱沉底，入水深度为 1.8 米，网箱材质为尼龙网。架设网箱的池塘面积为 2.5 亩，池塘内网箱外部架设有 2 台增氧机，网箱架设有冲水管（驯化时可使用）和底盘增氧，所有网箱上方都架设了一层遮阳网。其设施较完善，建有断电自动发电机组等，保障能力较强。驯化成功的鳜转入 2 号塘（18 亩）进行养殖，投喂饲料。

3. 驯化步骤

每次驯化大约耗时 15 天，开始时投喂濒死的鲮，然后每天逐渐增加饲料的投喂量，以 0.5 千克的差值每天增加，直至完全摄食饲料为止。喂食时需要首先投喂计划内的饲料，然后配以小规格鲮辅助摄食。驯化期间投喂鲮时使鲮表面裹满鳜饲料粉料，是为了使鳜更加熟悉饲料的口感，且小规格鲮需加三黄粉、高度白酒、食盐进行消毒，以防止带入寄生虫。驯化鳜时一天投喂 2 次，分别在 6:30 和 17:30，每次用时 90 分钟。后期，驯化进度加快，喂食直至鳜不摄食为止，每个网箱大概摄食 6.5 千克，摄食结束后在食台捞取鳜进行观察，统计其驯化成功率，其成功率良好，一次驯化的成功率 4 个网箱分别在 90%、80%、70%、70%。一次驯化失败的鳜进行二次驯化以进一步筛选摄食饲料鳜。饲料在制粒过程中需加入额外的鱼油、免疫多糖等，以改善饲料口感。

同时，在驯化过程中需要进行疾病防控工作及水质调控的工作。驯化过程中进行了离群鳜的解剖镜检工作，未发现寄生虫，镜检鳜的鳃部充血，全池泼洒二氧化氯、三黄粉进行水体消毒，同时泼洒维生素 C 防止鱼的应激反应。每天 6:30 检测网箱水体的氨氮、亚硝酸盐、pH、水温及溶解氧，并做好记录工作。同时，及时将网箱内的死鱼、粪便、残饵捞出（表 4-2，图 4-4）。

表 4-2 仙桃金龙园公司驯食程序

时间	饵料及其投喂方法
第 1～2 天	投喂正常量的适口活饵料鱼，保证鳜状态
第 3～4 天	投喂濒临死亡适口饵料鱼，采用定时定点抛撒模式
第 5～6 天	以每天 50%的比例逐步用死饵料鱼代替濒死饵料鱼
第 7～9 天	以每天 30%的比例逐步用软颗粒饲料代替死饵料鱼
第 10～11 天	软颗粒饲料投喂
第 12 天	进行第 1 次筛选
第 13 天	未驯化鳜全程投喂冰鲜饵料鱼恢复体力
第 14～15 天	以每天 50%的比例逐步用软颗粒饲料代替冰鲜饵料鱼
第 16 天	进行第 2 次筛选

图 4-4 鳜饲料驯化和养殖

4. 日常管理

日出时，进行一天中的第 1 次驯化投喂，投喂饲料及小规格鲮。驯化开始前关闭底增氧装置，投喂结束后打捞部分鳜观察饱食程度并将未吃完的饵料鱼捞出，及时打开增氧机。约 12:00 时，检测网箱水体的溶解氧及水温。下午日落前进行第 2 次投喂，在这之前要再检测网箱水体的氨氮、亚硝酸盐、pH、温度及溶解氧，驯化流程与早上相同。22:00 时左右，再次巡视鱼塘，重点是底增氧要保证开启，顺便捞出死鱼以及粪便等。在平时的工作中，要实时注意观察，每次巡塘若发现死鱼或表现异常的鱼要及时捞出并进行解剖镜检。常用药物包括水质改良剂、杀虫剂、解毒剂、抗生素类等，用量根据说明书确定，且选择在白天溶解氧较高时段进行。网捞、鱼桶等设备每周定期用聚维酮碘进行消毒处理。

5. 分析及总结

"华康 2 号"相对其他鳜品种相对容易驯化，且相比于冰鲜鱼养殖的鳜来说，其疾病暴发的风险较低，且饲养成本较低，不需要受饵料鱼的限制。

四、赤壁市黄盖湖鳜鱼养殖基地鳜鱼冰鲜鱼养殖介绍

1. 简介

黄盖湖养殖基地，位于赤壁市西北湘鄂交界的长江中游南岸，距赤壁市 35 千米，黄盖湖渔场通过在 40 亩水面架设连片网箱 80 个，通过使用冰鲜饵料鱼养殖鳜，大获成功。

2. 喂食情况介绍

赤壁市黄盖湖鳜鱼养殖基地主要驯化"华康 2 号"鳜鱼苗，数量总计 230 000 尾左右，规格为 6～13 厘米，其喂食在规格为 10 米×20 米×2.5 米的网箱中进行，共分 120 个网箱进行驯化，网箱沉底，入水深度为 1.8 米。网箱材质为尼龙网。架设网箱的池塘面积为 10 亩，池塘内网箱外部架设有 5 台池塘用增氧机，网箱架设有底盘增氧，在所有网箱上方架设了一层遮阳网。其设施较完

善，建成断电自动发电机组等，保障能力较强。

3. 喂食步骤

喂食鳜主要使用野杂鱼及鲮，冰冻使之成为冰鲜鱼，养殖周期为半年或一年，半年养殖鳜上市规格为 0.25 千克，预计产量为 3 万～4 万千克，其余鳜置于池塘内越冬，一年养殖鳜上市规格为 0.5 千克，预计产量为 3 万千克，喂食鳜时首先将冰鲜鱼解冻，冰鲜鱼需加三黄粉、高度白酒、食盐进行消毒，防止寄生虫的带入，喂食鳜时 1 天 2 次投喂，分别在 6:00 和 17:00，每次用时 90 分钟，每天消耗的冰鲜鱼数量在 1 000～1 500 千克。年利润预估 100 万元。

同时，在喂食过程中需要进行疾病防控工作及水质调控的工作，特别是天气入秋转凉时，水体温度变化较大，鳜幼鱼很容易产生应激反应，容易使鳜鱼苗患上疾病。针对温差问题，适当调整了投喂的饲料和饵料鱼数量，降低了饵料投喂量，以免剩余的饵料鱼破坏水体而滋生细菌；使用抗应激的药物缓解应激反应。针对阴雨天气水体溶解氧低的情况，使用化学增氧剂快速增氧，同时配合使用增氧机。阴雨天水体中亚盐含量较高，用渔药降解亚硝酸盐。针对坏水臭底的情况，及时使用药物改底，并絮凝杂质净化水质。针对鳜相互争食打斗，伤及鱼体的情况，使用渔药收敛伤口，修复溃烂的组织，并且将其单独饲养，投喂活鱼配合免疫多维多糖恢复体质。针对鳜车轮虫和指环虫的病害情况，使用杀虫药进行救治。针对鳜细菌性烂鳃的情况，及时使用聚维酮碘杀菌消毒，另外注意杀虫后要使用电解多维消除药物残留并增强体质。同时，在饲料中加入一定量的乳酸菌、胆汁酸帮助消化吸收，加入免疫多糖、电解多维、五黄粉等增强免疫力。此外，还需不定期对鱼塘施用氨基酸肥水膏、水质改良剂（如水康净）、大黄素等进行培水、净水、杀菌的工作。除此之外，需要每天进行水质溶解氧、氨氮和 pH 检测，发现病鱼、死鱼及时打捞，进行解剖和镜检，诊断病因。

4. 分析及总结

冰鲜饵料鱼养殖的鳜不存在驯化问题，会一直摄食，越冬也可使鳜的出塘价更高，能有较高的效益，但是其风险较高，鳜一旦体质下降，则在越冬过程中很容易大批量死亡，造成经济损失。

五、鸭绿江斑鳜配合饲料驯饲养殖

斑鳜驯食冰鲜鱼和配合饲料试验在网箱中进行，网箱规格为 3 米×6 米×3 米，网眼大小为 5 毫米×5 毫米；实验鱼为鸭绿江网箱养殖 3 龄斑鳜，体长 17～18 厘米，体重 84～91 克，每箱放养 100 尾。试验饵料，以蛋白源不同分为 3 组：Ⅰ为冰鲜鱼糜，Ⅱ为鱼粉，Ⅲ为鱼粉和植物蛋白，原料依次混匀后用绞肉机制成直径为 5 毫米的条状物，最后将饵料两端切成楔形，长度为鱼体长度的 1/3～1/2。试验饵料均为当天制作。制成的饵料要松软，长短一致，具有一定的柔韧度和湿度。饲料组分别记做试验箱Ⅰ、试验箱Ⅱ和试验箱Ⅲ；同时以投喂冰鲜杂鱼对照箱，记做试验箱Ⅳ。上述 4 个试验箱各设一组重复。每天早晚人工投饵，早晨投饵要在日出前结束，投喂量约为鱼体重的 5%。

经 52 天驯食试验后，斑鳜可以集群摄食软颗粒饲料。由表 4-3 可以看出，第Ⅲ组饲料效果最佳，斑鳜体重达到（155.5±14.0）克，明显高于其他组，Ⅲ组的饵料系数、生长速度等经济性状最好，斑鳜的生长效果依次为Ⅲ＞Ⅱ＞Ⅳ＞Ⅰ，成活率均在 98% 以上。

表 4-3　不同配合饲料对斑鳜生长的影响

试验组	体重（克）		体长（厘米）		成活率（%）	净增重（千克）	增重率（%）	饵料系数
	初始	结束	初始	结束				
Ⅰ	84.6±5.2[a]	124.0±7.7[a]	17.6±0.6[a]	19.94±0.6[a]	96.06	99	46.6	3.8
Ⅱ	88.6±7.4[a]	133.3±12.6[ab]	18.1±0.5[a]	20.6±0.6[ab]	95.53	99	50.4	3.4
Ⅲ	91.2±5.7[a]	155.5±14.0[b]	18.4±0.5[a]	19.6±0.8[a]	93.24	99	76.9	2.2
Ⅳ	84.2±7.2[a]	128.3±5.3[a]	18.0±0.5[a]	19.4±0.2[a]	95.82	100	48.3	7.8

注：字母上标相同表示所得结果差异不显著（$P>0.05$）。

通过以上试验，笔者发现斑鳜的驯化养殖不存在难以突破的技术性难题，并且斑鳜利用配合饲料的能力较冰鲜鱼糜组更好，是一种能够利用饲料进行养殖的品种。另外，这也充分说明斑鳜是一种很好的育种材料，通过与翘嘴鳜进行杂交育种将能够显著改善鳜的饲料驯化性状。

六、存在的问题与对策建议

笔者认为，从长远来说，饲料养殖鳜绝对是大势所趋，不过饲料养鳜目前还存少许不成熟的地方，需要加强管理、端正态度和提高配套设施避免养殖失败，主要体现在以下几点。

1. 驯化率

普通鳜驯化吃饲料的驯化率多数在30%～50%，导致驯化苗价格居高不下，10厘米的为5元/尾左右，这两年随着驯化技术的成熟和易驯食品系的成功选育，驯化率可以达到60%～80%，驯化苗价格也随之下降到10厘米4元/条左右，个别驯化率已经可以达到80%以上的，驯化苗价格可以卖到4元/尾以下，所以，鳜饲料驯化技术目前基本成熟。

2. 吃料率

刚拿苗的时候在苗场看见鳜鱼苗吃料率很高，而拿回去养的时候，吃料率就越来越低了。这主要与配套养殖设施和管理有关，鳜鱼苗在驯化阶段多数被养殖在工厂化或水槽和网箱中，由于条件好、单位密度高，驯化技巧到位，所以驯化率比较高；但在拿苗过程中，经过运输（有些还是长途运输）鱼苗有应激反应，体质变差，吃料效果就会打折扣，这时需要再次驯化以提高吃料率。同时，由于养殖时单位密度不够高，甚至有些直接就放入土塘养的，因此鳜吃料率降低。此外，养殖过程中喂料技巧也不到位，投喂过程中有部分鳜不吃饲料。另外，有时出现吃料率低的情况与水质管理和病害有关，如水质差、寄生虫多、肝异常导致吃料差，如果不及时处理，会导致鳜闭口不吃饲料，最后导致全部鳜吃料率越来越低，成活率低。建议要严格遵守苗场的建议，把配套工作做好，同时学习喂料技巧，也要多掌握一些水质管理和鳜病害防治方面的技术。

3. 成活率与病害防控

成活率与吃料率有一定关系，不吃饲料的鳜会日渐消瘦，沉底死亡且死不见尸，同时发生大鳜吃小鳜的现象，这是有些饲料养殖户在干塘卖鱼的时候才发现里面鱼不多的原因。另外，成活率与病害防控有关。目前，饲料养殖鳜在广东省外推广得比较多，但是其本身在鳜养殖病害防控这方面缺乏一定的经验导致养殖失败，就算喂活鱼养鳜，其成活率也不高。比如，网箱养殖鳜容易发生寄生虫病，并且反复发作，很多人又不懂在网箱如何用药，病害防治成难题。关于病害防控，各有各的方法。目前，土塘养殖饲料鳜模式广东可能更具优势，因为其养殖密度高、病害防控技术好，广东省以外主要考虑用流水槽和网箱养殖饲料鳜，单纯土塘养殖饲料鳜技术还有待于提高。

4. 鳜饲料成熟度

鳜易受惊，对淀粉等糖类物质代谢能力差。现在有些做鳜饲料的厂家已经打出无淀粉鳜饲料广告，说明大家都意识到这点。另外，鳜自开口以活鱼为食，鱼的营养成分比较均衡，适合鳜的生长营养要求，饲料就是经过加工后把蛋白等各种营养吸收利用率提高，原本吃 2～3 千克的含有 18%左右蛋白质的鲮才可以长 0.5 千克鳜，现在只要吃 0.5～0.75 千克含 40%左右蛋白质的饲料就可以长 0.5 千克鳜，虽然蛋白质跟上去了，但是难免会出现营养素缺乏或者不均衡的现象，所以饲料养殖鳜有时会出现肝肿大的现象。另外，有些养殖者反映饲料鳜养到 0.25 千克左右就很容易发病死亡，有可能与饲料配方有很大的关系，如果饲料中含淀粉类物质偏多，长期下去会导致鳜脂肪包心、包肝，从而出现厌食和死亡。饲料中微量元素的缺乏也会导致各种病害的发生。

鳜饲料在饲料加工方面也没有统一的标准，有些是软沉料（粉料加工而成），有些是膨化缓沉料，有些是膨化全浮料。软沉料便于消化吸收，可饲料拌内服药，便于防治病害，在苗期驯化时使用比较好，有利于提高吃料率，但是需要现场加工，制作麻烦，投喂量不好把握，容易造成浪费；膨化全浮料吃食效果相对较差，在驯化期不宜直接用膨化全浮料驯化鳜鱼苗，膨化料经过高温容易造成维生素损失，从而造成维生素的缺乏，但其保存时间长，投喂上比较方便，不易浪费；缓沉料处于前面 2 种饲料之间。目前，进行鳜饲料养殖的养殖户大部分使用粉料，虽然稍显麻烦和浪费，但是营养各方面更成熟，不容易出现因饲料引起的各种综合征。

5. 配套条件

以目前的养殖情况来看，单纯的土塘养殖饲料鳜效果较差。目前，养殖饲料鳜的主要模式为工厂化、流水槽、网箱这 3 种模式。这是因为鳜天生吃活鱼，吃饲料要有一个驯化过程，而鳜要在足够高的密度下才比较容易驯化，可以有效提高驯化率，降低鱼苗成本；同时，在养殖过程中鳜也是在高密度情况下吃饲料效果好，密度不够高也会增加不吃料的鳜的比例，从而降低成活率，而上述 3 种模式，可以达到较高的养殖密度。另外，饲料鳜分化程度也比吃活鱼的鳜大，容易大吃小，所以最好进行分级养殖，如果在土塘养殖就很难操作，水泥池和网箱就相对简单。但是工厂化和流水槽投资比较大，所以可以在池塘内搭网箱进行养殖，长大后再考虑放入池塘进行养殖。其他配套条件，如拦网、遮阳、冲水、定时定点投喂等也是提高驯化率的有效方法。

整体来说，饲料养殖鳜有一定难度，需要掌握驯化技术要点，熟练仔细地进行操作，避免因技术和操作影响鳜饲料驯化养殖。鳜饲料养殖成功情况与养殖模式非常相关，要根据特定的养殖模式指定行之有效的养殖方式。此外，养殖重点主要在于管理，把水质调节和病害管理工作做好，提高养殖成功率。

第五章 鳜产品加工

随着我国水产品加工业发展，其生产规模也迅速扩大，并逐步成为我国渔业内部的三大支柱产业之一，在我国渔业发展的不同时期都发挥了重要作用。水产加工业的发展，不仅提高了渔业资源利用的附加值，还安置了渔区大量的富余劳动力，并带动了一批相关行业，如加工机械、包装材料和调味品等的发展，对支持、促进捕捞和养殖生产的发展具有重要意义，具有明显的经济效益和社会效益。经过多年发展，一个囊括渔业制冷、冷冻品、鱼糜、罐头、熟食品、干制品、烟熏品、鱼粉、藻类食品、医药化工和保健品等产品系列的加工体系已经形成，这既增加了加工品种，也提高了产品质量和价格，促进了我国水产贸易的迅速发展。

然而，尽管我国淡水鱼的产量在不断增加，但水产品加工技术的研究还未取得根本性突破，如淡水鱼蛋白质冷冻变性和鱼肉中存在土腥味是加工过程中要解决的 2 个难题。除此之外，如何提高废弃物利用水平和增加高附加值产品数量等也是有待解决的难题。因此，还需继续深入研究水产品加工技术，使我国水产品加工业能够更加稳定、健康、合理、快速地发展。

一、水产品加工

1. 水产品保鲜加工

水产动物组织柔软，肌肉及内脏中蛋白质含量丰富，且水分含量较高，自然条件下极易发生质变。水产动物死后初始阶段，水产品肌肉组织中的糖原发生无氧分解形成乳酸（或章鱼碱与乳酸），引起肌肉 pH 下降，即肌肉酸变，同时腺嘌呤核苷酸分解释能导致机体体温升高，使蛋白质凝固，肌肉僵化。当僵硬程度达到最大时，肌肉开始解僵恢复到柔软状态，但此时已失去弹性。随着自溶的进行，水产品体表和体内微生物开始分解蛋白质、氨基酸等含氮物质，释放出具有腐败特征的不良气味，即机体进入了腐败阶段。因此，在水产品加工时，需要利用物理、化学或生物的方法减缓鱼、贝、虾等品质劣变，并维持其品质和鲜度。常见的物理保鲜技术有低温保鲜、气调保鲜和冷杀菌保鲜等；化学保鲜技术有烟熏、盐藏和化学保鲜剂（防腐剂、抗氧化剂、抗生素）保鲜等；常见的生物保鲜剂有壳聚糖、茶多酚、双歧杆菌、溶菌酶等。

2. 水产品干制加工

干制法也称干藏法，即采用干燥脱水的方法，使水产品的大部分水分除去，防止水产品腐败变质，从而延长其保藏期。水产品干制加工的方法有天然干燥法和人工干燥法（真空干燥、远红外及微波干燥和冷冻干燥等），其干制品常见的种类有原料不经过盐渍、调味或煮熟等处理而直接干燥的生干品、先将鲜鱼腌咸再干燥加工的盐干品，以及新鲜原料经煮熟后进行干燥的煮干品等。鱼的干制品（干鱼）通常利用自然热源（晒干、风干等）或人工热源（机械烘干），加温去掉鱼体内的水分，使其所含水量在40%以下，以抑制细菌繁殖和鱼体蛋白分解，从而防止鱼体腐烂。

3. 水产品腌制加工

腌制加工即用食盐、食醋、食糖、酒糟或香料等其他辅助材料腌制加工鱼类等水产品的方法，常见的水产品腌制加工包括腌渍、糟醉和醋渍等。腌渍是指向水产品体内渗入食盐或食盐水，使水分渗出，盐分含量增加，直至体细胞内的盐浓度与体外盐浓度相当，即盐渍，包括干盐渍法、湿盐渍法和混合盐渍法，可在一定程度上抑制水产品体表和体内细菌的繁殖。糟醉以鱼类等水产品为原料，在食盐腌制的基础上，使用酒酿、酒糟和酒类进行腌制而成，一般用于淡水鱼的加工，如草鱼和鲤等的加工。

4. 水产品熏制加工

熏制加工是利用熏材不完全燃烧而产生的熏烟，将其引入熏室，赋予食品一定的储藏性和独特的香味。熏制前先将原料进行盐渍，之后在水中浸泡脱盐，再利用熏烟熏干。熏烟中含有苯酚类、醛类、酮类、醇类、有机酸类、酯类和烃类等重要成分，而酚类具有抗氧化、形成特有的烟熏味以及抑菌防腐的作用。但值得注意的是，脂肪含量过高或过低的水产品都不适合进行熏制加工，尤其是脂肪含量过高的水产品，不仅会引起干燥困难、储藏性差，且易使熏烟成分与油脂一起流失、发生油脂氧化、肉面发黄；脂肪含量太少的水产品，熏烟的香味难以吸附，鱼体过硬，外观和味道差，成品率低。常见的水产熏制品有烟熏鲑、烟熏鲱、烟熏鳕等。

5. 水产品罐头加工

罐头加工是指将水产品装在罐头容器中经排气、密封、杀菌处理后得到的罐装水产品。常见的鱼类等水产品罐头有以下几种：

（1）清蒸罐头。将处理好的水产原料经预煮脱水后装罐，加入精盐和味精而制成，又称原汁水产罐头，如清蒸鲅、清蒸对虾等。

（2）调味罐头。将处理好的原料盐渍脱水后装罐并加入调料而制成，可分为红烧、茄汁、五香和豆豉等口味。

（3）油浸罐头。用精制植物油及其他简单的调味料如糖、盐油浸进行调味，如油浸鲅、油浸烟熏带鱼罐头等。

二、鳜加工工艺

1. 鳜保鲜加工

鳜的保鲜方法除了常见的低温保鲜外，还有使用天然中草药的保鲜混合液保鲜法。保鲜混合液保鲜法可以有效抑制鳜肉块中微生物的生长，且操作简单，成本低，能够延长保存期，并有效保持鱼肉的营养和风味。具体操作：将500克以上鳜经宰杀、去头、去尾、内脏，将鱼肉沿背鳍方向取下，去除脊椎骨刺，将取下的鱼肉洗净，切成2厘米×3厘米鱼块，再用无菌水淋洗干净，于无菌环境下风干。保鲜混合液制备，主要由大蒜、生姜、甘草、八角、茴香及桂皮的提取液组成，①大蒜提取液的制备。取成熟大蒜去皮，放入捣碎机中捣碎，取蒜泥置于容器中，加水，在 45 ℃下浸泡 15 分钟，过滤去渣，离心，得上清液备用。②生姜提取液的制备。取成熟生姜洗净，放入磨机中磨浆，取生姜浆汁置于容器中，加水，在 40 ℃下浸泡 45 分钟，过滤去渣，离心，得上清液备用。③甘草提取液的制备。称取过 80 目筛的甘草粗粉，用蒸馏水在 75 ℃下浸泡 3 小时，提取液过滤后用蒸馏水稀释，即得甘草液备用。④八角提取液的制备。将八角置于 60 ℃烘箱中烘干，粉碎，过 60 目筛，用 95%的乙醇浸泡 2.5 小时，过滤浓缩至乙醇完全挥发，即得八角提取液备用。⑤茴香提取液的制备。将茴香置于 60 ℃烘箱中烘干，粉碎，过 60 目筛，加蒸馏水恒温 60 ℃水浴加热回流 30 分钟，过滤即得茴香提取液备用。⑥桂皮提取液的制备。将桂皮置于 60 ℃烘箱中烘干，粉碎，过 80 目筛，加蒸馏水恒温 70 ℃水浴加热回流 30 分钟，过滤即得桂皮提取液备用。将处理好的鳜肉块放入含有天然中草药的保鲜混合液中浸泡，浸泡 30 分钟，其中需要注意的是浸泡比例为 50 千克保鲜混合液中放入 35 千克左右的鳜肉块。将上述浸泡过的鳜肉块捞出，并以一层冰一层鱼的方式放入包装袋中包装，再放入−2～12 ℃的冰箱或冰柜中储存。

2. 臭鳜鱼的加工

臭鳜鱼是以新鲜鳜为原料，经短期盐腌发酵，在鱼体自身酶和微生物的共同作用下，制作成“闻起来臭，吃起来香”的腌制鱼制品。鳜经过发酵腌制成品质较佳、风味独特的臭鳜鱼后，其营养、滋味和挥发性风味品质均发生巨大改变。李春萍（2014）研究臭鳜鱼的营养成分发现，在臭鳜鱼发酵过程中其基本营养成分含量呈波动性变化，与鲜鳜相比，臭鳜鱼灰分含量明显增加，不饱和脂肪酸、必需氨基酸、非必需氨基酸和腺苷酸含量等有所增加，发酵至第 7 天，臭鳜鱼样品总氨基酸和必需氨基酸含量最高，发酵过程中脂肪酸、氨基酸、新鲜品质等都有较好的保留，该结果表明，臭鳜鱼仍然具有较高的营养价值。

此外，臭鳜鱼是我国徽式风味名菜的代表之一，在安徽徽州地区（今安徽省黄山市一带）的所谓"腌鲜"，在徽州本地土话中有"臭"的意思。臭鳜鱼闻起来臭，吃起来香，既保持了新鲜鳜的本味原汁，又融合了发酵形成的似臭非臭、香鲜透骨、鱼肉酥烂的特点，正因这些因发酵形成的全新风味品质，臭鳜鱼深受广大消费者的青睐，被《舌尖上的中国》作为中华传统美食热播。近年来，臭鳜鱼的市场需求量正在不断上升，有着广泛的市场前景。

传统手工腌制臭鳜鱼的方法：首先，将新鲜鳜宰杀干净后，加入食盐、香辛料（丁香、甘草、八角、小茴香、花椒、香叶）和蒜蓉，拌匀成混合香辛料待用；然后，在大木桶中摆一层鱼、撒一层香辛料，令其自然发臭，冬天腌制 8～10 天，夏天腌制 5～6 天；最后，将腌制好的臭鳜鱼，抹掉鱼肉上的腌料，分装到保鲜袋中，放到冰箱冷冻保存。如今，随着工业化进程的加快，臭鳜鱼的加工有了规模化的生产流程。

工业规模化生产臭鳜鱼的方法：在新鲜鳜表面擦抹精盐、香料，其中鳜、精盐和香料的质量比（克）为（450～750）:（18～60）:（4～14），进行自然发酵或接种发酵。自然发酵条件为 10～25 ℃下发酵 4～7 天，接种发酵指对鳜进行单个接种发酵，鳜与菌种以质量比（克）为（450～750）:（0.2～1），在 15～30 ℃下发酵 10～20 小时。接着将发酵好的鳜过油处理，调汁勾芡，进行真空包装、高低热变温灭菌。该制作方法中的自然发酵或接种发酵，均可大大缩短鳜发酵的时间，同时保证产品的风味不发生变化，可精确定量地制作出发酵适当、口感细腻、醇厚入味的臭鳜鱼，并且使产品在不添加化学防腐剂的情况下也能在 12 ℃左右存放 5 个月不变质，保持其原有的特征风味。

三、鳜美食

（一）鳜作为食材的特点

鳜肉质细嫩，味极鲜美，不仅营养丰富，而且具有益气力、补虚劳、健脾胃的食疗功效，历来被视作宴席珍品。

1. 鳜作为食材的特点

（1）肉嫩味鲜美。鳜肉多刺少、肥满度高、肉质丰腴细嫩、味道鲜美可口，内部无胆少刺、营养丰富，被认为是“鱼中上品、宴中佳肴”，春季的鳜最为肥美，被称为“春令时鲜”。

（2）营养价值高。鳜具有较高的营养价值，含有蛋白质、脂肪、少量维生素、钙、钾、镁和硒等营养元素。

（3）有药用功效。鳜肉味甘、性平、无毒，归脾、胃经，具有补气血、益脾胃的滋补功效。适宜体质衰弱，虚劳羸瘦，脾胃气虚，饮食不香，营养不良之人食用。老幼、妇女、脾胃虚弱者尤为适合，有哮喘、咯血的病人不宜食用，寒湿盛者不宜食用。

2. 传统美食

（1）臭鳜鱼。臭鳜鱼又称臭桂鱼、桶鲜鱼、桶鱼、腌鲜鱼，是一道徽州传统名菜，这道菜诞生于百余年前黄山西南麓的黄山区郭村乡的小村落扁担铺。黄山臭鳜鱼鲜嫩微辣、肉质酥嫩、鲜香入骨，夹起后，鱼肉自然展开呈“百页状”，齿间留香。“臭鳜鱼”制法独特，食而得异香。

（2）松鼠桂鱼。“松鼠桂鱼”是姑苏菜肴中的代表作，在海内外久享盛誉。此菜有色有香，有味有形，更让人感兴趣的还有声。当炸好的犹如“松鼠”的鳜鱼上桌时，随即浇上热气腾腾的卤汁，这“松鼠”便吱吱地“叫”起来。

岁月更迭，苏州的厨师们一直不断地用创新来保持这一历史名菜的人气。古代的“松鼠鱼”挂的是蛋黄糊，而今天的“松鼠鱼”是拍干淀粉。古代的“松鼠鱼”是在炸后加油和酱油烧成的，如今则是在炸好后直接将制好的卤汁浇上。此外，如今的“松鼠鱼”在造型上更为逼真，其味酸甜可口，古代的“松鼠鱼”难以比拟。

（3）清蒸鳜鱼。清蒸鳜鱼是一道福建的汉族传统名菜，属于闽菜系，历史上曾作贡品。此菜选用新鲜的鳜清蒸，以著名的绍酒调味，色泽淡雅悦目，味似蟹肉，食后富有清新之感。

3. 其他美食

（1）红烧鳜鱼。红烧鱼属于一道川菜，讲究的是色、香、味俱全，我国红烧鱼的传统做法是先进行煎、炸等高温处理。鳜同样可做成红烧鳜鱼，其特征是鳜肉味鲜嫩咸香、质地细嫩、色泽红润发亮、体型完整。红烧鳜鱼烹调的工艺：一是要旺火、中火、微火交替使用，发挥火候之长；二是要调料比例适当，投放时机准确；三是要把好上色、勾芡、淋油三关。

（2）葱油鳜鱼。葱油鱼是一道传统名菜，鲁菜、苏菜中均有此菜，鳜常见的美食当然也包括葱油鳜鱼。葱油鳜鱼具有形美味鲜、清淡素雅、咸香微辣的特点，其制作的关键在于它的最后一道工序：炒锅入油，放几颗花椒粒，烧热至冒烟的时候关火，趁热将油均匀地浇在铺了葱丝或葱花的鱼身上，这样做出来的葱油鳜鱼，葱香肉肥、汤汁入肉、十分鲜美。

（3）辣豆豉葱酒焖烧鳜鱼。家常焖烧鱼是一道鲁式农家菜，具有传统鲁菜汤汁浓郁、鱼肉入味的特点，而鳜用焖烧法制作的菜品有辣豆豉葱酒焖烧鳜鱼。腌制：鳜从中间剖开，去掉中间的脊骨，让鳜可以展开平铺，鱼身表面淋白酒去腥，撒上盐、白胡椒粉涂抹均匀，腌制30分钟。烹饪：锅中倒油烧热，放入蒜瓣、姜片爆香，再放入鳜，煎至表面微黄后下洋葱丝，淋入花雕酒、蒸鱼豉油，再加入适量辣豆豉、食盐和糖，盖上盖子中火焖，出锅点缀上葱丝。这道家常菜具有鱼肉鲜嫩入味，洋葱香软微甜的特点。

（4）鳜鱼刺身。刺身是指将新鲜的鱼贝类生切成片，蘸调味料直接食用的鱼料理。首先，刺身以漂亮的造型、新鲜的原料、柔嫩鲜美的口感以及带有刺激性的调味料，强烈地吸引着人们的注意力。其次，生鱼片的营养价值很高，它含有丰富的蛋白质，而且质地柔软，易咀嚼消化的优质蛋白质。它也含有丰富的维生素与微量元素。目前，人们食用鳜时，也会喜欢做成鳜鱼刺身，配上酱油、山葵泥或山葵膏（浅绿色，类似芥末），还有醋、姜末、萝卜泥和酒等佐料，香、甜、沙、咸、辣混为一体，十分美妙。

（5）鳜鱼卷。鳜鱼卷是一道美食。主要材料是鳜、美芹、香菇、火腿等。将 12 根切成 20 厘米长的美芹编成竹排状出水，与盐、味精一起放入鱼盆中，宰杀鳜，除骨去尾，将鱼肉平摊（皮朝下）切成双飞片，上浆（蛋清、淀粉、盐），将冬笋、火腿、香菇切成火柴棒粗细，卷在鱼片中，然后再将发菜放在卷好的鱼卷中间。取盆一个，盆中放少许油，将鱼卷放在盆内上笼蒸熟，取出放在“竹排”上。将原汁倒在锅内加油、糖、盐、味精浇鱼卷上即成。

（6）鳜鱼豆腐汤。鳜鱼豆腐汤是一道色香味俱全的名肴，属于浙菜系。豆腐含钙量比较多，而鱼肉中含有维生素 D，两者合吃，借助鱼体内维生素 D 的作用，提高人体对钙的吸收率，可补气补血、养胃，老少皆宜，尤其适合中年人、青少年和孕妇食用。鳜常见汤品就是做成鳜鱼豆腐汤，其汤浓鱼鲜、豆腐甜嫩、营养丰富。

（7）冬阴鳜鱼汤。冬阴功汤是泰国和老挝的一道富有特色的酸辣口味汤品，“冬阴”是酸辣的意思，“功”是虾的意思，而鳜也可做成冬阴鳜鱼汤。鳜洗净沥干水分，洋葱、生姜切片，芹菜切段，番茄切块，鳜切厚片，黄酒、盐、鸡蛋清、生粉搅拌均匀腌制 10 分钟；锅里倒油加热后放入洋葱、生姜，干辣椒炝锅后加开水，放入冬阴汤料、黑胡椒粒、番茄、葱和芹菜后煮沸；先把鱼头和鱼骨下锅，盖上锅盖煮沸 3 分钟；最后放入鱼片煮沸 3 分钟左右熟透出锅，汤汁酸酸辣辣，香香甜甜，五味俱全。

鳜鱼网箱饲料驯化

驯食人工饲料

鳜鱼集群摄食

打样观察鳜鱼摄食情况

驯化初期饵料鱼拌料投喂

观察鳜鱼摄食

网箱水体消毒1

网箱水体消毒2

日常巡池观察

水泥繁育池与养殖池

鳜鱼陆基系统养殖

鳜鱼池塘养殖

打捞游边弱苗

鳜鱼苗种计数

定期清理网箱

出售优质鳜鱼苗种

收集鳜鱼卵

观察鳜鱼卵受精

鳜仔鱼摄食活饵料鱼

流水槽驯化养殖

鳜鱼工厂化养殖车间内景

鳜鱼工厂化养殖车间外景

捕捞鳜鱼

拉网打捞鳜鱼

鳜鱼运输